IDEC 교재개발 시리즈 38

# 반도체 알고 보면 쉬워요

김영석 | 조경록 공저

홍릉과학출판사

# 머리말

지금도 반도체 연구에서는 무어의 법칙이 화제가 되고 있다. 무어의 법칙은 반도체 기술의 발전이 어디까지가 한계인가 하는 것에 대한 일이다. 대략적으로 이야기하면 2년 주기로 반도체칩(LSI)의 트랜지스터 수가 2배로 늘어난다는 것으로, 보다 자세하게 이야기하면 18개월이 그 주기에 해당하고, 어떤 이는 12개월에 두 배로 늘어난다는 이야기도 있다. 그러나 1960년대를 기준으로 하면 지금 2006년까지 24개월과 18개월 주기 사이에는 트랜지스터의 수가 엄청나게 차이가 날 수 있다. 그러나 모든 사람이 그 정확한 숫자는 그리 중요하지 않게 생각하고 끊임없이 일정 주기로 트랜지스터의 수가 늘어난다는 데 공감을 하고 있다고 보면 된다. 이 이야기는 초창기의 반도체 기술의 근본이 지금도 여전히 지속되고 있다고 볼 수도 있다.

본서에서는 트랜지스터가 어디서 시작을 하여 어떻게 시스템으로 만들어지는지에 대해 알기 쉽게 서술식으로 기술하고 있다. 여기에는 반도체 재료인 실리콘 내에서 전자의 거동을 다루어 반도체가 전류를 흘리는 원리를 이해하도록 하였고, 또한 순수 실리콘이 만들어지는 과정과 실리콘에서 트랜지스터가 만들어지는, 흔히 우리가 반도체 공정이라고 하는 부분도 다루고 있다. 이렇게 만들어진 트랜지스터가 어떻게 사용되는가를 간단한 논리 게이트부터 산술 논리 연산 장치에 이르기까지 설명하고 있다. 또한 대한민국이 세계를 선도하고 있는 메모리에 대해서도 DRAM에서부터 우리가 메모리 스틱이라고 부르는 Flash memory까지 언급을 하였으며, 앞으로 반도체가 우리 사회에 어떤 형태로 기여할 것인가 반도체의 미래에 대해서도 예측을 해보았다.

아무튼 모든 국가가 미래의 반도체 개발에 대한 프로젝트를 가지고 있으므로 반도체는 끊임없이 우리의 생활에 밀접한 형태로 다가오고 있어 본서가 이러한 반도체를 쉽게 이해하는 데 도움이 되었으면 하는 바람이다.

2007년 1월

저자들 씀

# 차 례

## CHAPTER 4 IC의 구조와 제조 / 81



## CHAPTER 5 IC와 고집적화 / 115



## CHAPTER 6 인간중심의 반도체기술 / 143

CHAPTER

# 1

# 반도체의 기본성질

## 1.1 전자의 에너지

반도체를 이해하기 위해서는 에너지 밴드를 알 필요가 있는데, 이를 위해 먼저 자연에 존재하는 원자들 중에서 가장 간단한 수소원자(H)가 어떻게 구성되어 있는지 살펴보자. 보어의 이론에 의하면 수소원자는 그림 1.1과 같이 무겁고 양전하를 띤 양성자로 구성된 원자핵이 있고 그 주위를 전자 1개가 회전하고 있다. 만약 수소원자에 에너지를 가하면 원자핵을 돌고 있는 전자는 더 큰 반경으로 회전하게 되는데 에너지를 받지 않은 상태보다 불안한 상태이기 때문에 시간이 경과하면 원래의 상태로 돌아가게 된다.

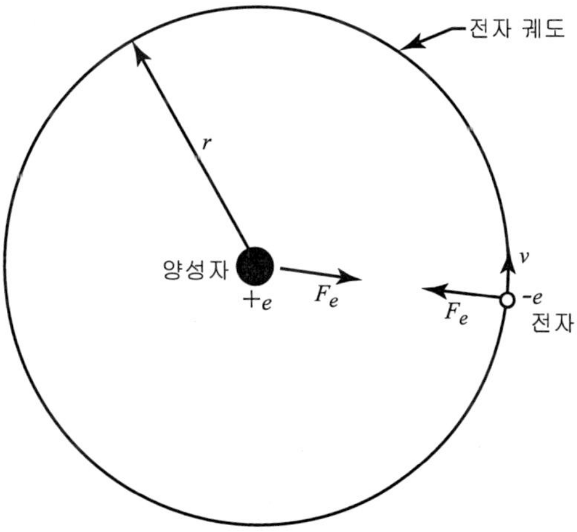


| 그림 1.1 | 수소원자의 구조

이때 방출되는 에너지를 조사해 본 결과가 그림 1.2에 나와 있다.

그림 1.2에 보인 바와 같이 전자의 에너지는 모두 음의 값을 가지고 있으며, 이는 전자가 원자핵에 구속되어 있다는 것을 의미한다. 전자가 원자핵으로부터 자유로워지기 위해서는 양의 값을 가져야 한다. 또한 전자의 에너지는 양자화(quantization)되어서 불연속적인 값만 가질 수 있는데 이것이 양자역학의 기본이론이다. 즉, 전자는 연속적으로 모든 값을 가질 수 있는 것이 아니고 정해진 값만 가질 수 있다는 것이다. 가질 수 있는 이 에너지 레벨을 양자 상태(quantum state)라고 하는데, 수소원자의 경우 전자는 한 개만 있기 때문에 이 중에서 한 상태에만 전자가 존재하고 나머지 상태는 비어 있다. 상태란 것은 마치 전자가

들어갈 수 있는 좌석(의자)과 같은 것으로 생각할 수 있다. 전자는 불연속적으로 존재하는 상태, 즉 좌석 이외에는 들어갈 수가 없다.

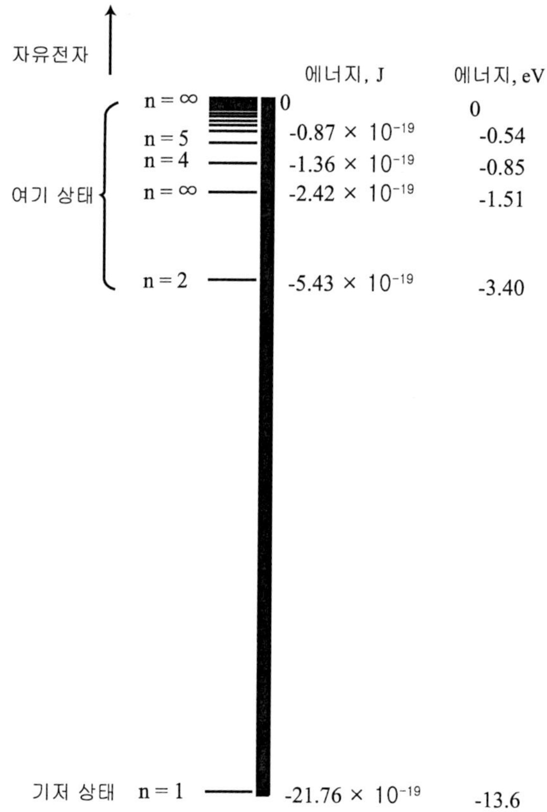


| 그림 1.2 | 수소원자의 에너지 레벨

## 1.2 에너지 밴드

만약 이 수소원자 두 개를 가까이 붙인다면 전자의 에너지들은 그림 1.3과 같이 같은 값의 에너지를 가지지 못하고 약간 분리된다. 이것은 수소원자 두 개가 근접하게 되면 서로에게 영향을 미치기 때문에 전자의 에너지값이 달라지기 때문이다. 물리학에서는 이와 같이 한 에너지 상태에 전자 한 개만 들어가는 것을 파울리의 배타원리라고 부른다. 만약 N개의 수소원자들이 근접한다면, 양자 상태들은 N개의 양자 상태 다발을 형성하는데, 이것을 우리는 전자의 에너지 밴드라고 부른다.

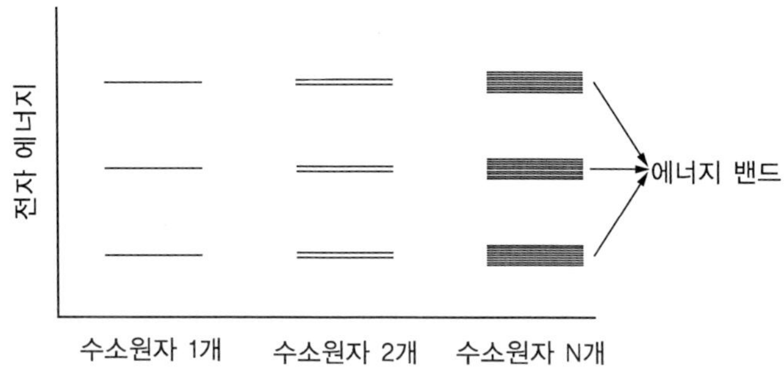


| 그림 1.3 | 수소원자들이 근접할 때의 전자의 에너지 상태 변화

## 1.3 실리콘 에너지 밴드

휴대폰, 컴퓨터, TV 등과 같은 가전제품들 속에 사용되는 반도체 칩들의 90% 이상이 실리콘(Si)이라는 원소로 만들어진다. 실리콘은 지구상에서 산소(O) 다음으로 흔한 원소로서 모래나 유리와 같이 우리 주변에서 가장 흔히 접할 수 있는 물질이다. 실리콘은 그림 1.4와 같이 다른 원소들과 마찬가지로 무겁고 양전하를 띤 양성자로 구성된 원자핵이 있고, 그 주위를 14개의 전자들이 회전하고 있다. 이 전자들은 $n = 1$에 2개의 양자 상태가 존재하여 2개의 전자가 채워져 있고, $n = 2$에 8개의 전자가 존재하며, 이들은 그림 1.4와 같이 실리콘 원자핵에 강하게 속박되어 있어서 이 전자들을 분리하기는 아주 힘이 듦으로 이용하는 것은 불가능하다. $n = 3$에는 8개의 양자 상태가 존재할 수 있으나, 실리콘의 전자 개수는 총 14개이므로 $n = 3$에는 4개의 상태만 전자로 채워져 있다. 이 최외각의 전자 4개는 원자핵으로부터 멀리 떨어져 있어 결합력이 약하므로 원자핵으로부터 쉽게 분리되어 반도체 소자에 흐르는 전류에 기여할 수 있다. 이러한 각각의 원자들이 근접하여 고체 격자로 구성될 때 수소원자와 마찬가지로 에너지 밴드가 형성된다. 특히, $n = 3$의 양자 상태들이 격자로 구성될 때 그림 1.5와 같이 두 개의 에너지 밴드가 형성된다.

아래쪽에 위치한 것이 가전자대(valence band)이고 위쪽에 위치한 것이 전도대

(conduction band)이다. 그림에서 가운데 부분은 전자가 들어갈 수 없는 금지대 (forbidden band)이다. N개의 실리콘 원자들이 모임으로 인해 가전자대에 4N개의 양자 상태가 존재하며, 전도대에도 마찬가지로 4N개의 양자 상태가 존재한다.

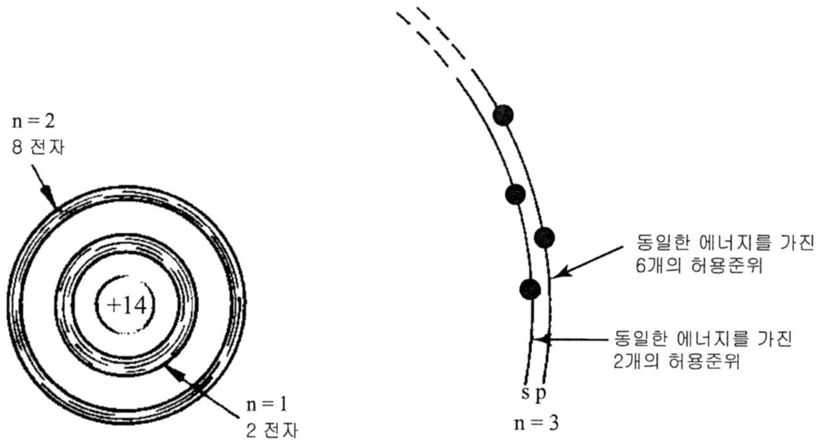


| 그림 1.4 | 실리콘 원자모형

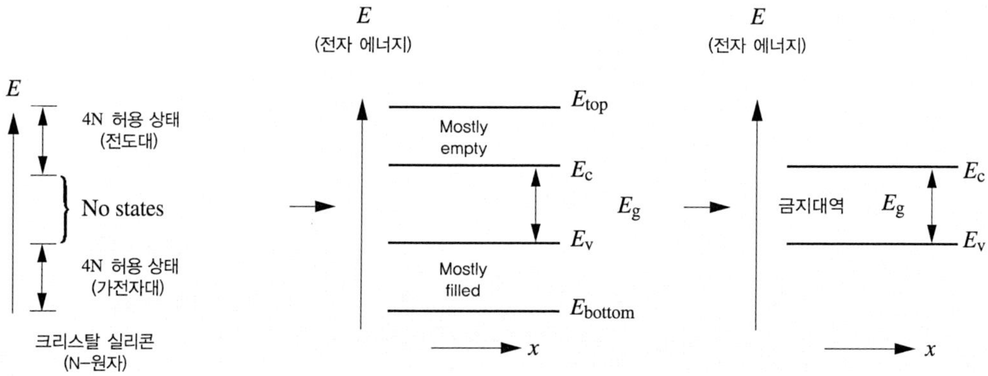


| 그림 1.5 | 실리콘 에너지 밴드

실리콘 결정은 그림 1.6과 같이 원자들끼리 공유 결합(covalent bonding)을 형성하는 데 한 실리콘 원자에서 n = 3 궤도의 4개의 전자를 내놓아서 주위의 4개의 실리콘 원자에서 내놓은 전자와 함께 공유 결합을 한다. 절대 영도에서 전자들은 모두 안정된 상태로 공유 결합을 이루고 있는데 이 전자들은 가전자대의

양자 상태를 모두 채우고 있으며, 전도대의 양자 상태들은 모두 비어 있다. 만약 온도가 조금씩 올라가면 이들 전자들은 열에너지를 받아서 공유 결합이 깨어지고 자유로워진다. 이 현상은 에너지 밴드에서 가전자대의 한 양자 상태에서 공유 결합을 하고 있는 전자가 전도대의 한 양자 상태로 옮겨감을 의미한다. 따라서 가전자대의 한 양자 상태는 비게 되고 전도대의 한 양자 상태는 채워지게 된다. 보통 실리콘 에너지 밴드를 그림 1.5의 맨 오른쪽 그림같이 간단하게 가전자대의 가장 위의 에너지 상태 $E_c$ 및 전도대의 가장 아래의 에너지 상태 $E_v$만 표시한다.

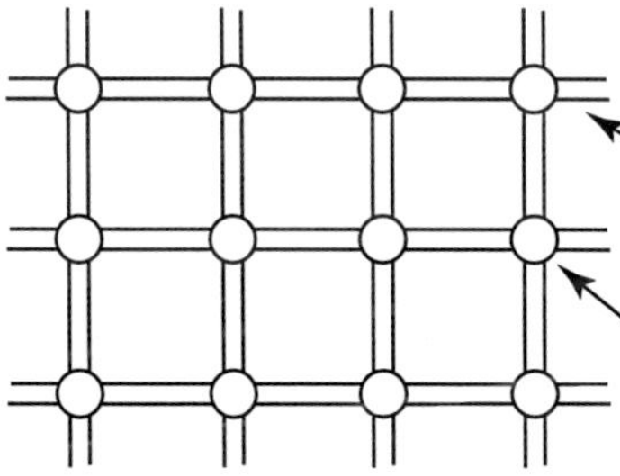


| 그림 1.6 | 실리콘 공유 결합

## 1.4 전자 및 전공

실리콘 결정에서의 공유 결합과 이에 대응되는 에너지 밴드를 그림 1.7에 나타내었다. 그림 1.7(a)는 실리콘 원자의 전자들이 모두 원자핵에 속박되어 있는 상황을 나타낸 것으로서, 공유 결합을 하고 있는 전자가 선으로 표시되어 있으며, 이 전자들은 에너지 밴드의 가전자대에서의 양자 상태를 채우고 있다. 그림 1.7(a)와 같이 모든 전자들이 공유 결합을 완벽하게 이루고 있으면, 가전자대의 양자 상태는 모두 채워져 있고 전도대의 양자 상태는 모두 비어 있다.

만약 열, 빛, 혹은 다른 에너지 수단, 즉 반도체 소자에 전압을 인가하여 전자를 주입하는 것과 같은 방볍에 의해 공유 결합을 하고 있는 전자가 공유 결합이 깨어져 탈출한다면 그림 1.7(b)와 같이 에너지 밴드에서 가전자대의 양자 상태가 비게 되고, 전도대의 양자 상태는 채워진다. 전도대에서 올라간 원자핵으로부터 자유로워진 전자를 우리는 자유 전자, 줄여서 전자라고 부른다. 이 전자는 실리콘에 속박되어 있는 나머지 전자 13개와는 달리 실리콘 고체 속을 자유로이 움직일 수 있다. 이 전자는 실리콘 고체에 전압을 가하게 되면, 발생되는 전계(electric field)에 의해서도 움직일 수 있으며, 전자 농도 분포의 차이가 있으면 전자의 수가 많은 곳에서 적은 곳으로 움직이기도 한다. 반대로 그림 1.7(c)와 같이 공유 결합이 깨어진 부분, 즉 가전자대의 빈 부분이 생길 수 있는데 이를 정공(hole)이라고 부른다. 정공은 전자의 반대 개념으로 생각할 수 있다.

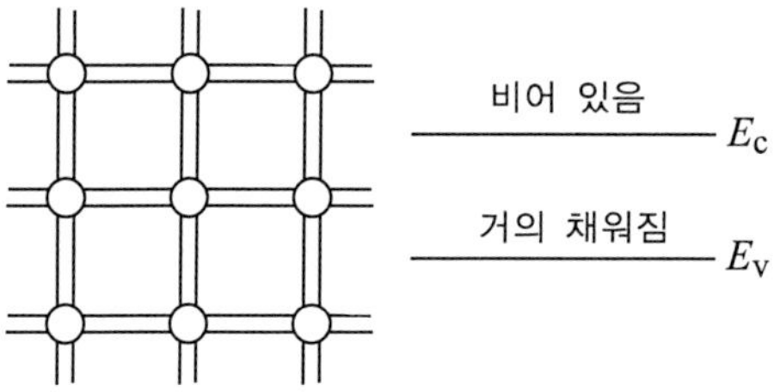


(a) 캐리어 없는 경우

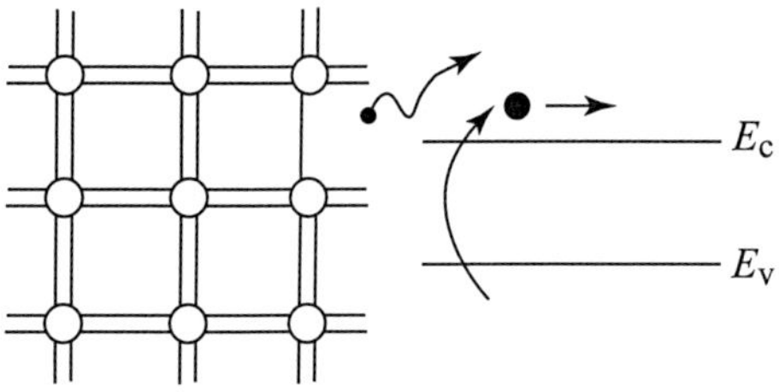


(b) 전자

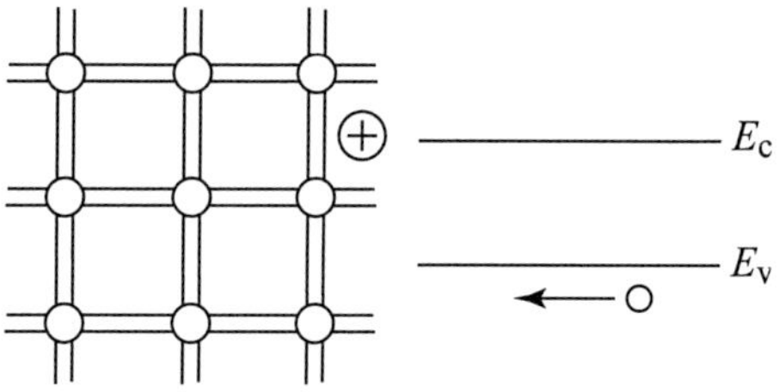


(c) 정공

| 그림 1.7 | 전자 및 정공

정공의 개념은 그림 1.8을 보면 이해하기가 쉽다. 그림 1.8(a)와 같이 먼저 실리콘 원자에서 공유 결합이 깨어져서 전자가 없는 상황을 생각해 보자. 실리콘 원자는 원래는 중성이었는데 전자 한 개가 빠져 나갔기 때문에 양전하를 띠고 있다. 이 상황에서 주변의 실리콘 원자의 공유 결합이 깨어져서 이 전자가 처음의 깨어진 공유 결합 자리로 움직이는 것을 생각할 수 있다. 이런 과정이 두 번 반복한 결과가 그림 1.8(b) 및 그림 1.8(c)이다. 이는 마치 양전하가 오른쪽으로 움직인 것과 같다. 이를 우리는 정공이라고 부르는데, 전자와 달리 양전하를 가지고 있다고 가정한다. 순수한 실리콘의 경우 이러한 전자 및 정공은 상온에서 약 $10^{10}/cm^3$ 정도가 존재한다.

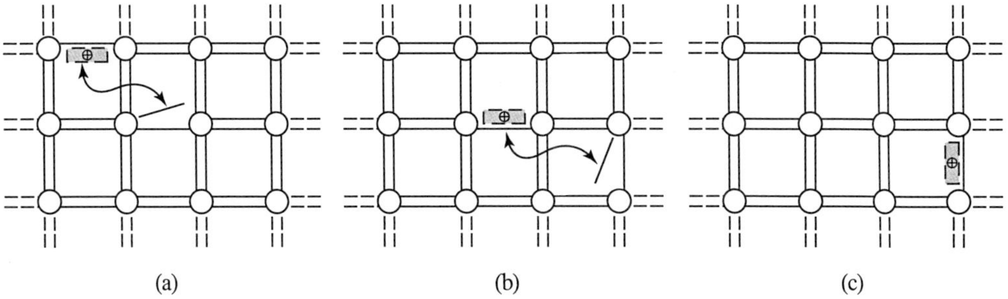

| 그림 1.8 | 정공 개념도

## 1.5 불순물(n-type 및 p-type)

반도체에서 특이 사항은 불순물에 있다. 이는 마치 약물을 복용한 운동선수와 같다고 생각할 수 있다. 약물을 투입하면 투입하기 전보다 힘이 나서 더 향상된 기록을 얻는다. 우리는 이 운동선수의 약물복용 여부를 가름하는 테스트를 "도핑 테스트"라고 부르는데 반도체에서도 불순물을 주입하는 것을 도핑(doping)이라고 부른다. 불순물을 주입하기 전의 반도체를 순수 반도체(intrinsic semiconductor)라고 부르는데, 이 순수 반도체도 물론 전압을 인가하면 전류가 흐르지만, 반도체 소자의 고유현상인 다이오드의 정류 특성, 트랜지스터의 증폭 및 스위칭 작용 등을 얻을 수는 없다. 순수 반도체에 불순물을 주입해야만, 즉 도핑을 하여야 반도체는 제 구실을 한다. 불순물에는 두 가지 종류가 있다. 표 1.1과 같이 실리콘은 강하게 속박된 10개의 전자를 제외하고 전류의 흐름에 기여하는 n = 3의 양자 상태에 존재하는 최외각 전자가 4개이기 때문에 4족 원소라고 부르며, 불순물들은 3족 및 5족 원소로 구성된다. 5족 원소 불순물을 도너(donor)라고 부르며, 3족 불순물을 엑셉터(acceptor)라고 부른다.

| 표 1.1 | 주기율 표의 일부

| 3 족 | 4 족 | 5 족 |
|---|---|---|
| B | C | N |
| Al | Si | P |
| Ga | Ge | As |

표 1.1에서와 같이 인(P), 비소(As), 안티몬(Sb) 등의 5족 원소를 불순물로 주입할 수 있으며, 불순물은 보통 실리콘 원자의 수에 비하여 적게는 백만분의 일, 많게는 백분의 일 정도 주입한다. 인(P)을 불순물로 주입하면, 인(P)은 5개의 최외각 전자가 있기 때문에 그림 1.9와 같이 주위의 실리콘 원자와 공유 결합을 완성하고 한 개의 전자가 남는다. 에너지 밴드 상에서 공유 결합을 하고 있는 전자들은 가전자대의 양자 상태를 채우고, 공유 결합을 하지 못한 마지막 한 개의 전자는 전도대 바로 아래의 양자 상태($E_d$)를 채우게 된다. 불순물을 넣게 되면 실리콘 결정의 에너지 분포가 달라져서 금지 대역에 양자 상태를 만들게 되는데 이것이 $E_d$이다. 이 마지막 전자는 아주 약하게 5족 불순물 원자핵과 결합하고 있다. 따라서 상온 정도의 열에너지와 같은 조금의 에너지가 주어진다면, 이 전자는 원자핵의 속박을 벗어나서 자유 전자가 된다.

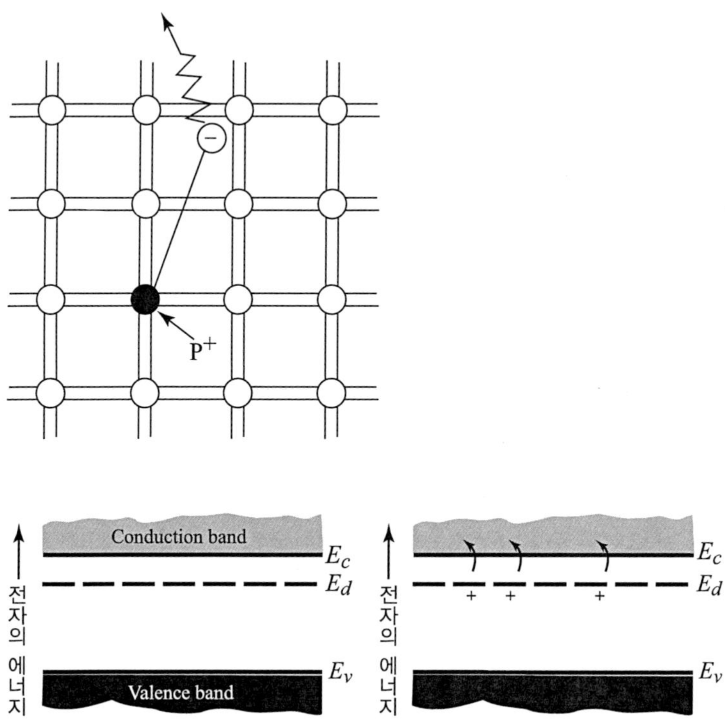


| 그림 1.9 | N형 반도체

즉, 에너지 밴드의 금지 대역에 존재하는 양자 상태 $E_d$는 비게 되고 전도대의 양자 상태가 채워지게 된다. 마지막 5번째의 전자가 빠져나간 5족 불순물은 원

래는 중성이었으나 음전하를 가진 전자가 빠져나갔기 때문에 양의 전하를 띤다. 이 5족 불순물을 도너라고 부른다. 왜냐하면 전자 한 개를 기여하기 때문이다. 이와 같이 5족 불순물을 넣어서 자유 전자가 많아진 반도체를 N형이라고 부른다. 전자는 음전하(negative charge)를 가지기 때문에 전자에 대해서는 N 문자를 사용한다. 불순물을 많이 주입한(예를 들어 $10^{18}/cm^3$) 반도체를 N+형이라고 하며, 불순물을 적게 주입한(예를 들어 $10^{14}/cm^3$) 반도체를 N-형이라고 한다. 실리콘 원자의 밀도는 $5 \times 10^{22}/cm^3$이다.

반대로 붕소(B), 알루미늄(Al) 등과 같은 3족 불순물을 주입하면 그림 1.10과 같이 P형 반도체가 된다. 3족 불순물은 최외각 전자가 3개만 있기 때문에 공유 결합을 완성하기에는 전자가 1개 부족하다. 이와 같이 1개의 전자를 받을 수 있는 상태를 엑셉터(acceptor)라고 부른다. 이 엑셉터가 들어가서 실리콘의 에너지 밴드의 가전자대 바로 위에 $E_a$라는 에너지 상태를 만들어준다. 엑셉터에 의한 이 에너지 상태 $E_a$는 전자가 비어 있는 상태로, 상온에서의 열 에너지에 의해 가전자대의 전자(공유 결합을 하고 있는)가 자기의 공유 결합을 깨트리고 엑셉터 에너지 상태 $E_a$로 올라온다. 가전자대의 비어 있는 양자 상태를 정공이라고

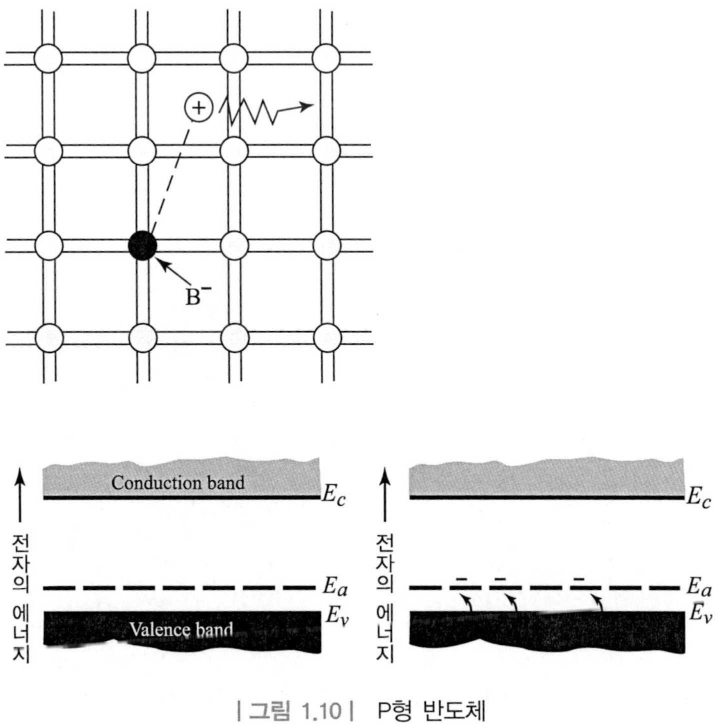


| 그림 1.10 | P형 반도체

하며, 이와 같이 3족 불순물을 넣어서 정공이 많아진 반도체를 P형이라고 부른다. 이 엑셉터는 중성에서 전자 1개가 들어왔기 때문에 음의 전하를 가지게 된다.

## 1.6 도체, 반도체, 부도체

반도체란 도체와 부도체의 중간적인 성질을 가진 물질로, 이런 것을 이해하는 데에는 에너지 밴드의 개념이 상당히 도움이 된다. 실리콘과 같은 반도체는 에너지 갭이 1.1 eV로 공유 결합을 하고 있는 가전자대의 전자가 1.1 eV의 에너지를 받게 되면, 공유 결합은 깨어져서 가전자대의 양자 상태는 비게 되고 전도대의 양자 상태는 전자로 채워지게 된다. 즉, 전자와 정공이 1개씩 생성된 것이다. 여기서 금지 대역의 폭은 $E_g = E_c - E_v$로 얻어진다. 반도체에 전류가 흐르기 위해서는 이 전자와 정공이 많아야 한다. 한편, 부도체는 에너지 갭이 5 - 8 eV로 자유 전자를 생성시키기 위해서는 아주 큰 에너지(5 - 8 eV)가 필요하기 때문에 이는 거의 불가능하여 전류가 흐를 수 없다. 반대로 금속과 같은 도체는 에너지 갭이 아주 작아서 상온에서의 열적 에너지만으로도 자유 전자를 많이 생성시킬 수 있기 때문에 전류가 흐를 수 있다.

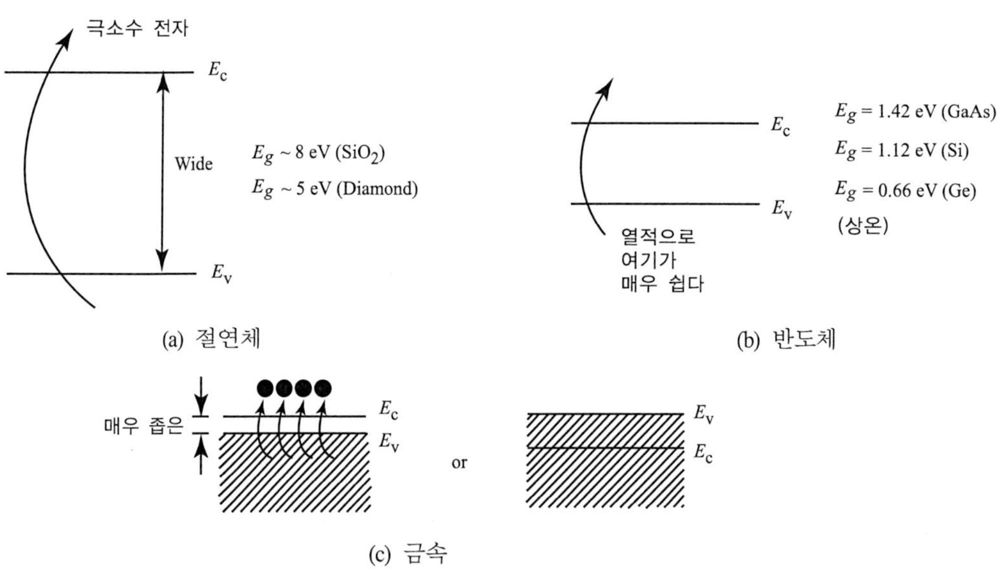


| 그림 1.11 | 도체, 반도체 및 부도체 에너지 밴드

## 1.7 다이오드

가장 기본적인 반도체 소자가 PN 접합 다이오드로, 교류 전압을 직류 전압으로 바꾸기 위한 정류 회로, 라디오 방송의 AM 전파를 원하는 음성 신호로 바꾸는 검파 회로 등에 사용된다. PN 다이오드의 동작 원리는 이때까지의 반도체 기본 원리를 생각하면 아주 쉽게 이해할 수 있다. PN 다이오드는 그림 1.12와 같이 P형 반도체와 N형 반도체를 접합한 형태의 소자이다. P형 반도체는 앞에서 설명한 것처럼 불순물 B, Al과 같은 엑셉터가 주위의 실리콘 원자와 공유 결합을 하기 때문에 전자 1개가 부족한데, 주변의 공유 결합을 하고 있는 전자가 빠져 나와 B, Al의 부족한 공유 결합을 채워서 음의 전하를 가지는 "엑셉터 이온"이 되고, 깨어진 공유 결합은 "정공"을 제공한다. 마찬가지로 N형 반도체는 불순물 P, As와 같은 도너가 주위의 실리콘 원자와 공유 결합을 완수하고 전자 1개가 남는데, 상온에서 이 전자가 빠져나가 "자유 전자"가 되고 도너는 양의 전하를 가지는 "도너 이온"이 된다. 이러한 P형 반도체와 N형 반도체를 서로 붙이게 되면 P형 반도체는 N형 반도체보다 정공이 많기 때문에 정공은 확산(diffusion)에 의해서 P형 반도체에서 N형 반도체로 이동하게 된다. 정공이 빠져나오면 엑셉터 이온은 음의 전하가 된다. 반대로 N형 반도체는 P형 반도체보다 전자가 많기 때문에 전자는 확산에 의해서 N형 반도체에서 P형 반도체로 이동하게 된다. 전자가 빠져나온 도너 이온은 양의 전하를 가진다. 이렇게 해서 접합 근처에는 정공과 전자가 이동하게 되고 양과 음의 전하를 가지는 영역이 형

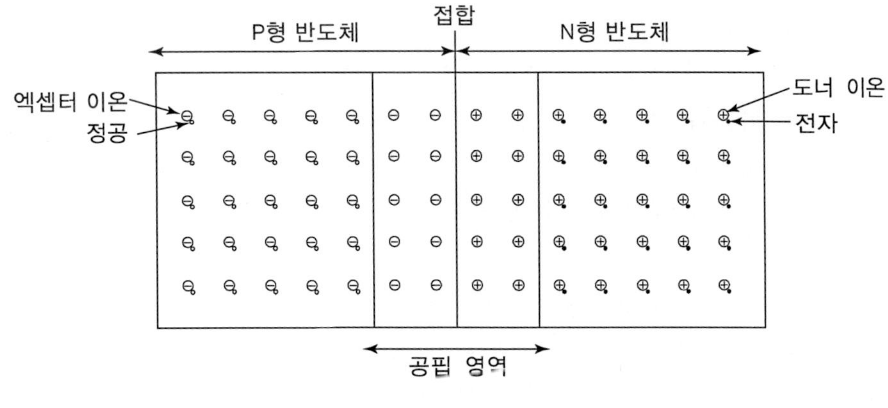


| 그림 1.12 | PN 다이오드

성되는데 이 영역을 공핍 영역(depletion region) 혹은 공간 전하 영역(space charge region)이라고 부른다. 공핍 영역은 전하가 존재하기 때문에 가우스 법칙에 의해 전계가 형성되고, 이 전계에 의한 표동(drift)에 의해서 정공은 왼쪽으로 전자는 오른쪽으로 이동하게 된다. 앞에서의 P형 반도체에서 N형 반도체로의 정공 확산과 공핍 영역의 전계에 의한 정공의 표동은 반대 방향으로 움직이기 때문에 서로 상쇄된다. 전자도 마찬가지로 확산과 표동은 반대 방향으로 진행되기 때문에 전류는 서로 상쇄되어 전압을 인가하지 않은 상태에서의 전류는 흐르지 않는다. 이를 우리는 평형 상태라 한다. 그림 1.13은 평형 상태의 에너지 밴드를 나타낸다.

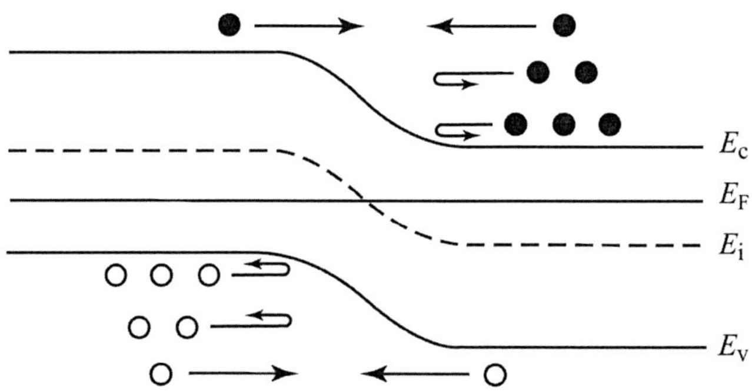


Equilibrium($V_A$= 0)

| 그림 1.13 | 평형 상태에서의($V_A$=0) PN 다이오드 에너지 밴드 다이어그램

이제 PN 다이오드에 전압을 인가했을 때 전류는 어떻게 흐르는지 관찰해 보기로 한다. 다이오드에 순방향 전압을 인가하면 즉, P형 반도체를 접지하고 N형 반도체에 음의 전압을 인가하면, N형 반도체는 음의 전압이 인가되므로 전자들의 에너지는 올라가서 P형 반도체와 N형 반도체 사이의 장벽은 낮아진다. N형 반도체의 에너지 밴드가 전체적으로 상승한다. 따라서 N형 반도체의 전자들은 P형 반도체로 확산이 쉽게 일어난다. 이 확산되는 전자들의 양이 공핍 영역의 전계에 의해 반대 방향으로 진행되는 표동에 의한 전자의 양보다 많기 때문에 전자들에 의한 순전류는 양의 값이 된다. 방향으로 이야기하면 오른쪽 방향이 된다. 또한 낮아진 장벽에 의해 P형 반도체의 정공들은 N형 반도체로 많이 이동하여 표동에 의한 이동보다 많아서 순전류는 전자에 의한 전류와 마찬가지로

양의 값이 된다. 이러한 P형 반도체에서 N형 반도체로의 전류 이동이 순방향 시의 PN 다이오드 전류이다.

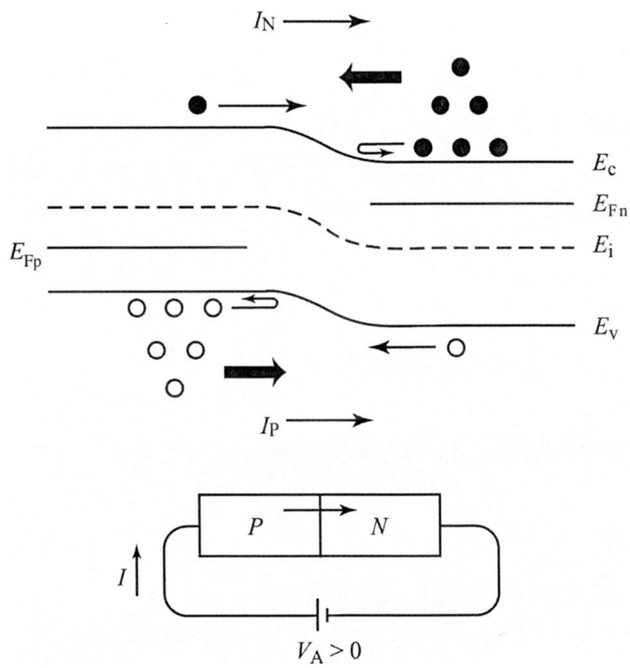


| 그림 1.14 | 순방향 전압 인가 시($V_A$>0) PN 다이오드 에너지 밴드 다이어그램

반대로 PN 다이오드에 역방향의 전압을 인가하면 어떻게 되는지 살펴보자. 역방향 전압을 인가하면 그림 1.15와 같이 N형 반도체는 양의 전압이 인가되므로 N형 반도체의 전자의 에너지는 감소한다. 따라서 N형 반도체의 에너지 밴드는 인가한 전압의 양만큼 내려가서 PN 다이오드 접합에 존재하는 장벽은 증가한다. 따라서 N형 반도체의 전자는 에너지 장벽 때문에 P형 반도체로 넘어가는 것이 더욱 더 힘들어진다. P형 반도체의 정공도 접합의 장벽이 커져서 N형 반도체로 이동하기가 불가능하여 전류는 흐르지 않는다. 순방향 및 역방향 전압 인가 시의 전류는 그림 1.16과 같이 역방향 시는 전류가 흐르지 않고 순방향 시의 전류는 지수 함수적으로 증가한다. 이는 순방향 전압의 변화에 따라서 접합 장벽을 넘어가는 전자와 정공 캐리어들의 개수가 지수 함수적으로 비례하기 때문이다.

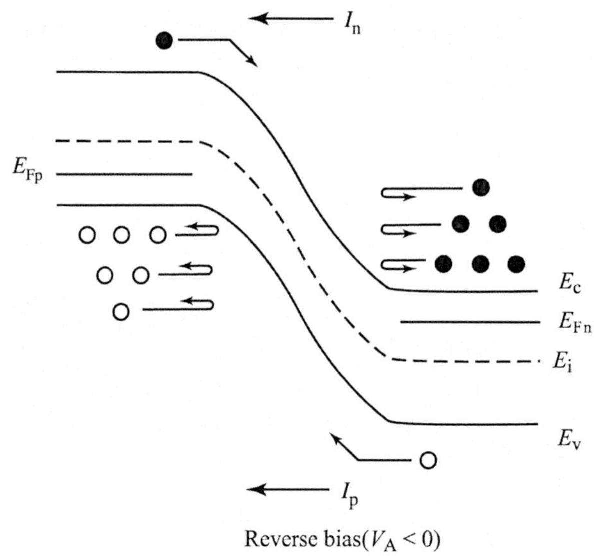


| 그림 1.15 | 역방향 전압 인가 시($V_A$<0) PN 다이오드 에너지 밴드 다이어그램

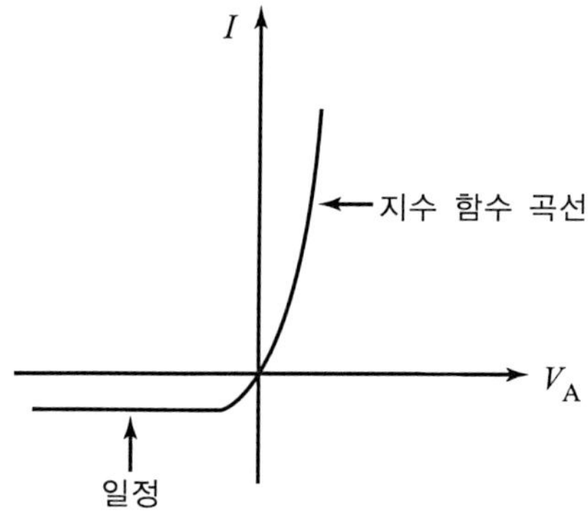


| 그림 1.16 | PN 다이오드 전류 전압 특성

## 1.8 트랜지스터(Transistor)

앞 절에서 살펴본 다이오드는 2 터미널 소자로서 일부의 특수한 용도에만 사용되고, 반도체 칩(chip)에는 4 터미널 소자인 트랜지스터가 주로 사용된다. 먼저 트랜지스터란 무엇인지 살펴보자. 트랜지스터는 다이오드와는 달리 증폭 및 스위칭 작용이 가능한 반도체 소자이다. 휴대폰이나 개인용 컴퓨터와 같이 일상생활에 사용되는 거의 모든 전자제품들은 반도체 칩이 사용되는데, 이 칩에는 트랜지스터가 많게는 수백만 개 이상 사용되고 있다. 트랜지스터(transistor)는 transferred와 resistor의 합성어이다. transferred는 “넘어서” 혹은 “건너편”의 뜻이고, resistor는 저항이다. 일반적인 저항은 2-포트 소자로 그림 1.17과 같이 전류가 전압에 비례하는데 그 비례상수의 역수가 저항값 r이다. 트랜지스터는 4-포트 소자로 출력 전류가 건너편의 입력 전압에 비례하는데 그 비례상수의 역수가 트랜스 저항값 $r_t$이다. 비례상수가 트랜스 컨덕턴스 $g_m$이다.

즉, 트랜지스터는 저항과 유사하나 입력 전압에 비례하는 특성을 가지고 있다. 이러한 트랜지스터의 어원이 트랜지스터의 고유한 기능인 증폭 특성을 잘 나타내주고 있다. 트랜지스터에 소신호 입력 신호 $v_c$를 인가하면 이에 비례하여 출력에는 소신호 전류 $g_m \times v_c$가 흐른다. 이때 비례상수는 트랜스 컨덕턴스 $g_m$이다. 이 전류는 출력 부하 $R_L$에 흘러 증폭된 소신호 전압 $g_m \times v_c \times R_L$이 나타난다. 이때의 소신호 이득은 $g_m \times R_L(> 1)$이 된다.

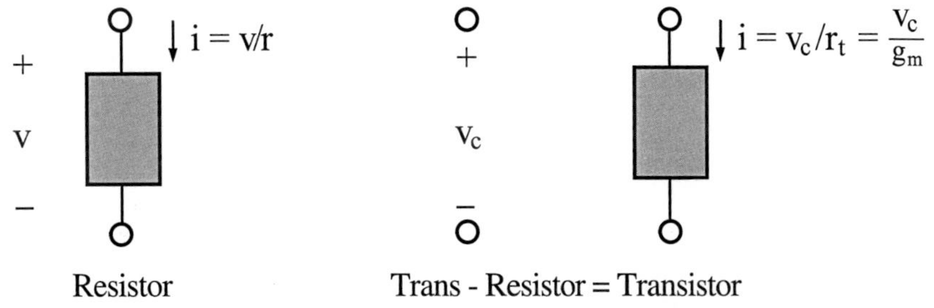


| 그림 1.17 | 저항과 트랜지스터 차이점

트랜지스터는 크게 BJT(Bipolar Junction Transistor)와 MOSFET(Metal Oxide Semiconductor Field Effect Transistor)의 두 종류로 나눌 수 있다. BJT는 PN 접합에 전압을 인가하여 전위 장벽을 조절하여 전류를 제어하는 소자인데 비하여, MOSFET는 전압을 인가하면 전계가 조절되고, 전계의 세기에 따라 전류가 제어되는 소자이다. BJT와 MOSFET의 또 다른 차이점은 전류 성분이 근본적으로 다르다. BJT는 전자나 정공의 농도분포 차이에 의한 확산(diffusion)에 의한 전류가 흐르며, MOSFET는 전계에 의한 표동(drift)에 의한 전류가 그 주성분이다.

## 1.9 BJT(Bipolar Junction Transistor)

다음으로 PN 다이오드로부터 어떻게 BJT가 만들어지는지 살펴보자. 일반적인 PN 다이오드 전류는 그림 1.18과 같이 P형 반도체에서 N형 반도체로의 정공 주입 전류와 N형 반도체에서 P형 반도체로의 전자 주입 전류의 합이다. 그런데 그림 1.18에서는 P형 반도체의 불순물의 도핑 농도가 N형 반도체보다 높아서, 정공의 전류가 전자의 전류보다 훨씬 많음을 알 수 있다. 물론 반대의 경우도 있을 수 있다. 전자 및 정공 전류의 차이는 도핑 농도 차이, 확산 계수(diffusion coefficient) 등에 의해 좌우된다. 다음 단계는 N형 반도체를 아주 얇게(약 1000Å 정도) 만들 경우를 생각해 보자. 이렇게 하면 P형 반도체에서 N형 반도체로 넘어간 정공의 전류 모양이 그림처럼 변화한다. 즉, N형 반도체에서의 정공 전류는 넓은 베이스(wide-base)의 N형 반도체인 경우는 지수 함수적으로 감소하나, 좁은 베이스(narrow-base)의 N형 반도체를 부착하면 일정하다. 왜냐하면 N형 반도체가 얇아서 넘어온 정공과 N형 반도체 속의 전자와의 재결합(recombination)이 일어날 수 없기 때문에, 정공의 분포는 그림과 같이 직선이 되고, 이를 미분한 전류는 일정하다.

다음으로 이 좁은 베이스 PN 다이오드에, 다시 P형 반도체를 부착하면 어떻게 변화하는지 살펴보자. 설명에 앞서서 P+ 반도체, N형 반도체, 그리고 마지막으로 접합한 P형 반도체를 각각 에미터, 베이스 및 콜렉터라고 부른다. 이 이름들의 의미는 BJT의 동작을 이해하면 명확해질 것이다. 이렇게 하면 앞의 narrow base 다이오드의 N형 반도체에서 공급했던 정공 전류 및 전자 전류를 분리할 수 있다. 즉, 에미터에서 넘어온 정공에 의한 전류는 역방향 바이어스가 인가된 베이스-콜렉터 접합의 전계에 의해서 콜렉터로 이동해서 콜렉터 전류 $I_C$가 된다. 그리고 베이스에서 에미터로 넘어가는 전자에 의한 전류는 콜렉터가 아닌 베이스에서 공급되어서 베이스 전류 $I_B$가 된다. $I_C$는 에미터-베이스 순방향 전압에 의해서 낮아진 에미터-베이스 전위 장벽에 의해서 P+ 에미터로부터 공급된 정공에 의한 것이고, $I_B$는 마찬가지로 낮아진 에미터-베이스 전위 장벽에 의해서 N 베이스로부터 P+ 에미터로 공급된 전자에 의한 것이다. 때문에 콜렉터 전류와 베이스 전류의 비 $I_C/I_B$는 주로 두 에미터 및 베이스 도핑 농도에 의해서 결정되는데 약 100 정도의 값을 갖는다. 즉, 이 비율이 전류 이득($\beta = I_C/I_B$)이다. 다시 말하면 에미터 및 베이스 두 영역의 도핑 농도의 차이를 두어 전류 이득을 얻을 수 있도록 만든 것이 BJT이다. 이러한 BJT를 PNP형이라고 부르며, 만약 NP 다이오드에 N형 반도체를 부착하면 NPN BJT가 된다. 그림 1.18에서 맨 왼쪽의 P+ 반도체를 에미터라는 부르는 것은 정공을 공급하기 때문이고(NPN인 경우 전자를 공급), 맨 오른쪽의 P형 반도체는 베이스에서 넘어온 정공을 역방향 바이어스가 된 베이스-콜렉터 접합에 의해서 수집하기 때문에 콜렉터라고 부른다. 에미터와 콜렉터의 중간에 위치하는 N형 반도체는 기본이 되기 때문에 베이스라고 부른다.

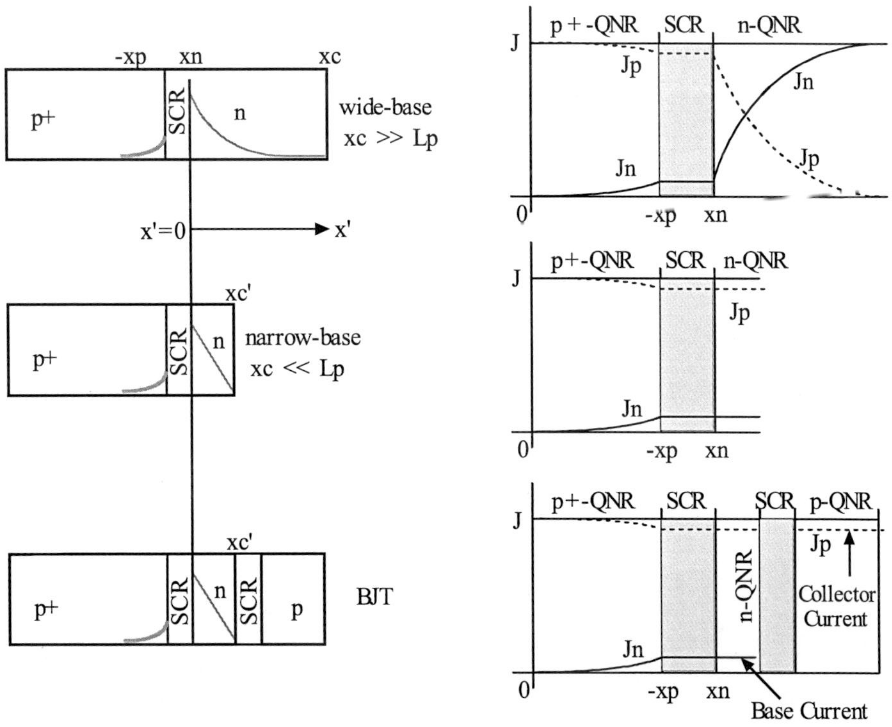


| 그림 1.18 | PN 다이오드로부터 BJT로의 진화 과정

위의 과정을 통해서 만들어진 BJT를 그림 1.19와 같이 에너지 밴드 다이어그램을 가지고 알아보자. 우선 평형 상태에서는 에미터, 베이스, 콜렉터 모두 페르미 레벨이 일치함을 알 수 있다. 페르미 레벨이 일치하지 않으면 전류가 흐른다. BJT는 bipolar라는 그 이름에서 의미하듯이 전사 및 정공 두 가지 종류의 캐리어가 존재한다. 정상 동작에서는 먼저 에미터-베이스 접합은 순방향 전압을 인가

한다. 따라서 N형 베이스는 마이너스 전압이 인가된 상황이기 때문에(P+형 에미터를 기준으로 했을 때) N형 베이스의 전자는 에너지가 상승하여 즉, 에너지 밴드가 올라가서, 에미터-베이스 장벽이 감소함을 알 수 있다. 따라서 베이스의 전자는 낮아진 장벽을 넘어서 쉽게 에미터로 이동한다. 이 전자는 베이스 전극에서 공급되어서 베이스 전류 $I_B$가 된다. 동시에 에미터의 정공은 낮아진 장벽을 넘어서 베이스로 이동한다. 에너지 밴드 다이어그램은 전자에 대한 것이기 때문에 정공에 대해서는 반대로 생각해야 한다. 즉, 정공은 밑으로 내려가려면 에너지가 필요하다. 에너지 장벽을 넘어온 정공은 반대로 넘어간 전자에 비하여 보통 100배 이상 많다. 이것은 앞에서 설명한 것과 같이, 에미터가 베이스보다 약 100배 이상 도핑이 많기 때문이다. 에미터-베이스 장벽을 넘어 베이스로 온 정공은 상당히 많고, 반대로 베이스-콜렉터 접합은 역방향 바이어스를 인가하기 때문에 콜렉터-베이스 장벽을 넘어온 정공은 거의 없다. 따라서 베이스에는 정공에 의한 농도 분포의 차이가 존재하여 확산에 의해서 정공은 베이스에서 콜렉터 쪽으로 이동한다. 이 확산 전류가 BJT 동작의 핵심이다. 그러나 NPN BJT의 경우 전자가 전류의 흐름에 기여한다. 에미터에서 베이스로 넘어오는 정공은 에미터-베이스 순방향 전압에 지수 함수적으로 비례하고, 이것이 베이스에서 확산을 통해서 $I_C$가 되기 때문에, $I_C \propto e^{V_{BE}/V_T}$의 관계를 갖는다. (이에 비하여 MOSFET는 전류가 전계에 의한 표동 전류이기 때문에 $I_D \propto (V_{GS} - V_{TH})^2$의 관계를 갖는다.)

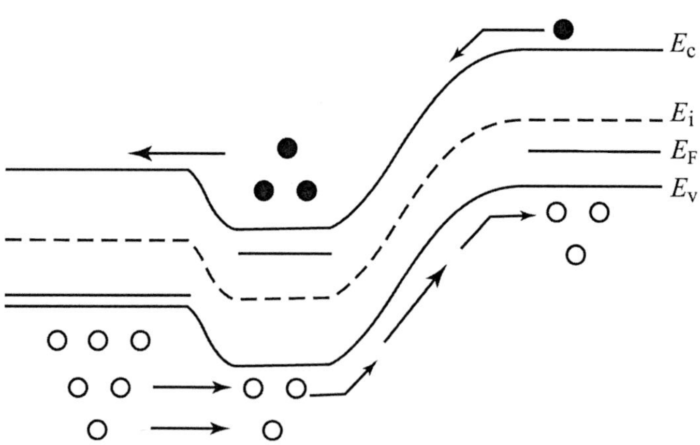


| 그림 1.19 | PNP BJT의 정상 동작 상태에서의 에너지 밴드 다이어그램

# 1.10 MOSFET

MOSFET를 이해하기 위해서는 먼저 MOS 구조의 특성을 알아야 한다. MOS는 그림 1.20과 같이 금속, 실리콘 산화막 그리고 반도체를 결합한 것이다. 맨 위에 있는 금속을 게이트라고 부른다. 왜냐하면 MOSFET의 게이트에 전압을 가하면 전류가 흐를 수 있는 통로를 만들고, 전압을 가하지 않으면 통로가 끊어지기 때문이다.

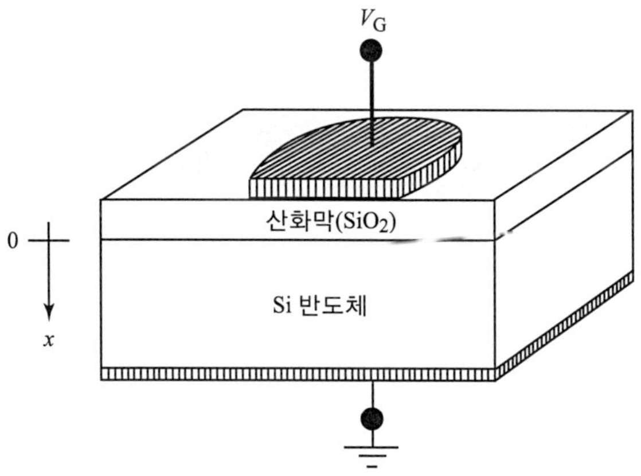


| 그림 1.20 | MOS 구조

게이트에 전압을 가하지 않은 경우는 그림 1.21과 같은 에너지 밴드 다이어그램을 가진다. MOS 구조의 맨 아래층은 P형 반도체로 페르미 레벨 $E_F$가 가전자대 $E_V$ 근처에 있다. P형 반도체를 기판(substrate), 혹은 벌크(bulk)라고 부르는데 약 200 ~ 300 ㎛의 두께를 가진다. 기판의 대부분은 앞에서 언급한 평형 상태와 유사하다. 실리콘 산화막은 공정에 따라 다르나 요즈음 보통 70 ~ 100 Å 정도의 두께를 가지는데, 산화막 근처에 위치한 P형 반도체 기판은 정공이 빠져나간 상태로, 이것을 "공핍(depletion)"이라고 부른다. 이렇게 기판 표면이 공핍이 되면 전류가 흐를 수 있는 통로가 없게 된다. 이 공핍 영역의 두께는 도핑 및 게이트 물질에 따라서 달라지겠지만 보통 0.1 ~ 1.0 ㎛ 정도이다. 이렇게 공핍이 되는 것은 게이트 물질의 일함수, 반도체의 전자 친화도(electron affinity) 등의 값에 의함이다. 그러나 산화막 근처에 공핍이 안 되고 오히려 기판과 동일한 캐리어인 정공이 모일 수도 있는데 이것을 "축적(accumulation)"이라고 부른다.

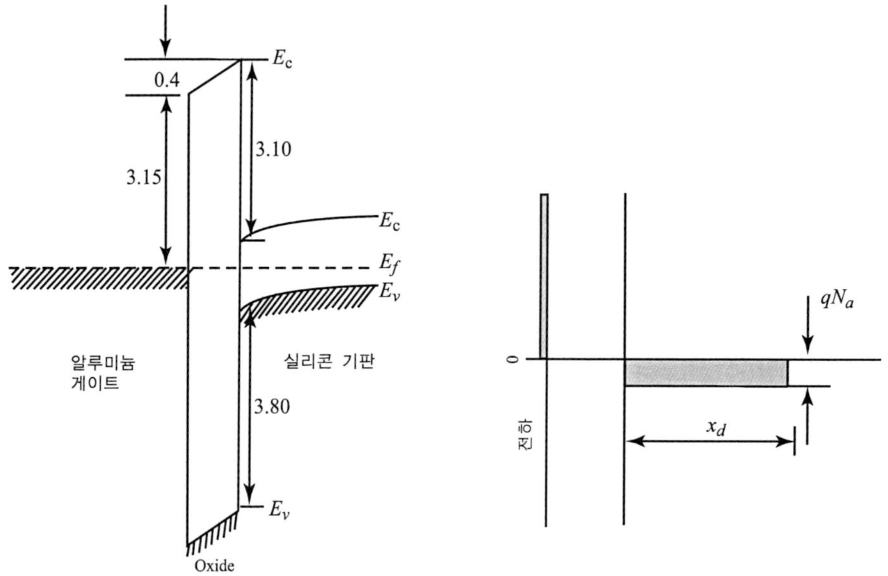


| 그림 1.21 | MOS의 게이트에 전압을 인가하지 않은 평형 상태에서의 에너지 밴드 다이어그램 및 전하 분포

만약 게이트에 전압을 가하게 되면, 즉 양의 전압을 가하게 되면 게이트 쪽의 전자 에너지는 감소하여 에너지 밴드는 아래로 이동한다. 이렇게 되면 전체 에너지 밴드 다이어그램을 아래로 끌어당기는 현상이 발생하여 산화막 근처 기판의 에너지 밴드 다이어그램은 그림 1.22와 같이 아래로 더욱 휘어진다. 이는 페르미 레벨은 일정한데 (왜냐하면 전류가 흐르지 않기 때문에) 밴드는 아래로 휘어져서 기판 표면의 전도대역 맨 아래 레벨 $E_C$는 $E_F$에 근접한다. 이는 이곳의 반도체 형이 N형으로 바뀜을 말해준다. 즉, 오른쪽의 전하 그림이 말해주듯이 공핍 영역의 음의 공간 전하(P형 반도체에서 정공이 빠져 나갔기 때문에 음의 전하가 됨)와 함께, 기판의 표면 근처는 자유 전자에 의한 약 100Å 정도 두께의 음의 전하가 쌓이게 된다. 에너지 밴드 다이어그램에서 캐리어들이 전도대역 아래 부분에 위치하므로 자유 전자임을 알 수 있다. 이 자유 전자는 기판의 반도체 형인 P형과 반대이기 때문에 이런 상황을 "반전(inversion)"이라고 부른다. 이 반전층이 바로 전류가 흐를 수 있는 통로가 되는데 이것을 우리는 채널(channel)이라고 부른다. 즉, 게이트에 양의 전압을 가하면 전류가 흐를 수 있게 되는데 이런 MOSFET를 N채널 MOSFET이라고 한다. 반대로 기판이 N형 반도체이고, 게이트에 음의 전압을 가하여 정공에 의한 채널이 형성되는 경우를 P

채널 MOSFET이라고 한다. 여기에서 채널을 형성할 수 있는 게이트 전압을 문턱 전압(threshold voltage)이라고 부른다. N채널 및 P채널 MOSFET의 경우 보통 각각 약 1 V, 약 −1 V이다.

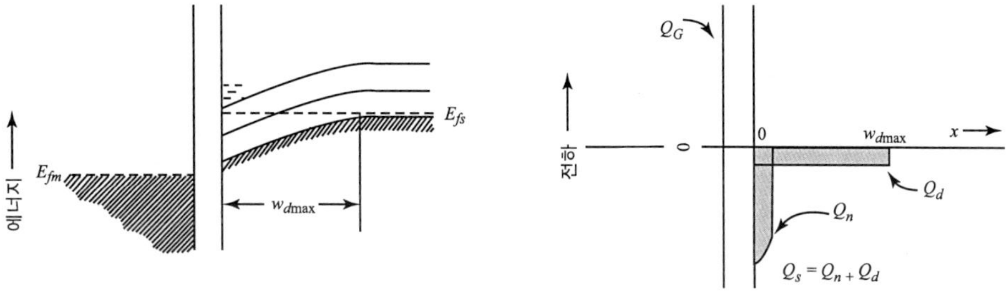


| 그림 1.22 | MOS의 게이트에 전압을 인가한 경우의 에너지 밴드 다이어그램 및 전하 분포

지금까지 게이트 산화막 부근에서의 동작을 알아보았으며, 이는 게이트의 전압에 따라 전하가 공핍되고 축적하는 동작으로 MOSFET의 기본이 되는 커패시터 역할을 알 수가 있고 이를 MOS 커패시터라고 부른다. 위의 MOS 구조에 N형 반도체를 그림 1.23과 같은 구조를 만들었다고 생각해 보자. 즉, P형 반도체인 기판 표면에 N+형 반도체를 게이트 양쪽에 만들었다. 한쪽의 N+ 반도체는 전자를 공급하기 때문에 "소스"라고 부르며, 다른 한 쪽의 N+형 반도체는 넘어온 전자가 나가기 때문에 "드레인"이라고 부른다. 보통 소스 및 드레인의 두께는 약 0.1 ~ 0.2 ㎛ 정도이다.

먼저 게이트에 문턱 전압을 가하지 않은 상황에서의 MOSFET의 동작을 보자. 게이트에 전압을 인가하지 않으면 게이트 아래의 기판 표면은 공핍 상태로, P형 반도체의 정공이 빠져나가서 음의 공간 전하를 가진다. 이 공핍 영역은 자유 전자가 없는 상태임으로 N+형 반도체인 소스와 드레인 사이에는 전류가 흐를 수 있는 통로가 없다. 즉, 게이트 전압 $V_G$ = 0 V일 때의 드레인 전류 $I_D$ = 0 mA이다.

다음으로 게이트에 전압을 인가해 보자. 앞의 MOS 구조에서처럼 게이트에는 문턱 전압보다 많은 양의 전압을 인가하여 기판 표면은 약 100 Å 이내 두께의 자유 전자로 구성된 채널이 형성된다. 소스 및 드레인이 N+형 반도체이고 그 사이에는 자유 전자로 구성된 영역이 있기 때문에 전류가 흐를 수 있는 통로가 형성된 셈이다. 즉, 게이트 전압에 의한 수직의 전계에 의해서 전류가 흐를 수 있는 길을 만들었다. 이와 같이 MOSFET은 전계에 의해 동작하기 때문에 field effect transistor이다. 이 상황에서 소스는 접지하고 드레인에 전압을 인가하면, 게이트 전압에 의한 수직의 전계에 의해서 채널이 만들어지고, 드레인 전압에 의해서 수평의 전계가 가해져 채널의 전자는 이 수평의 전계에 의한 표동에 의해서 드레인으로 이동한다. 소스는 전자를 계속 공급해 주고 드레인으로 전자가 계속 빠져나간다. 즉, 게이트 전압 $V_G > V_{TH}$(문턱 전압), 드레인-소스 전압 $V_{DS} >$ 0 V에서 드레인 전류 $I_D > 0$이 된다.

이와 반대로 P채널 MOSFET은 N형 기판에 P+ 소스 및 드레인의 구조를 가지고 있다. 게이트에 음의 전압을 인가하면 기판 표면에는 정공이 모여서 채널을 형성한다. 소스는 접지하고 드레인에는 음의 전압을 인가하면 정공 전류가 흐른다. N채널 MOSFET과는 구조, 전압 및 전류 방향이 반대이다.

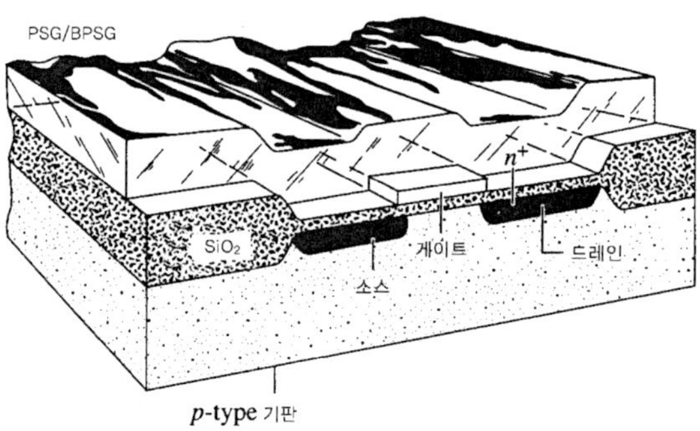


| 그림 1.23 | N채널 MOSFET 구조

N채널 MOSFET의 에너지 밴드 다이어그램은 그림 1.24와 같다. 먼저 수직 방향의 에너지 밴드 다이어그램을 보자. 수직 방향의 에너지 밴드 다이어그램은 MOS 구조에서와 비슷하다. 게이트에 양의 전압을 가하면 산화막과 채널에 모두 인가된다. 그림 1.24(b)에 보는 바와 같이 드레인은 소스에 비하여 $V_D$ 만큼 전압이 높기 때문에, 기판과 드레인 근처의 채널은 $qV_D$ 만큼 페르미 에너지의 차이가 난다. 따라서 $V_{GS} - V_{FB} = V_{ox} + (V_D + 2\,\phi_f)$의 관계가 성립한다. 플랫-밴드(flat-band) 이후 게이트에 걸리는 전위는 산화막에 걸리는 전위 $V_{ox}$와 실리콘 표면에 걸리는 전위 $(V_D + 2\,\phi_f)$의 합이다.

다음으로 수평 방향의 에너지 밴드 다이어그램을 보자. 수평 방향으로는 소스와 드레인 사이에 전압 $V_D$가 걸린다. MOSFET가 포화 영역에서 동작할 경우 소스에서 핀치오프 시작점까지는 $V_{Dsat} = V_{GS} - V_{TH}$가 걸리며, 핀치오프 영역에는 $V_D - V_{Dsat}$가 걸린다. 보통 동작 시에는 핀치오프 영역에 많은 전압이 걸리고 길이가 짧기 때문에, 상당히 높은 수평 전계가 걸린다.

이와 같이 드레인에 전압이 인가된 경우 전자의 움직임을 살펴보자. 먼저 소스와 채널 사이에는 아주 약간의 장벽이 있기 때문에(소스는 N+형 반도체이고 채널은 N형 반도체로 생각할 수 있기 때문에 농도 차이에 의한 전위 장벽 존재함) 이 채널을 넘어 전자가 주입된다. 채널에는 약간의 수평 전계가 걸려 있기 때문에 이에 의하여 전자는 표동에 의하여 오른쪽으로 이동한다. 이 전자가 핀치오프 영역에 들어가면 아주 높은 수평 전계에 의해 전자는 쉽게 드레인으로 이동하여 드레인 전극을 빠져나간다. 전자는 핀치오프 영역의 전계에 의해 쉽게 이동할 수 있기 때문에 전류는 실제로 채널의 전계에 의한 표동에 의해 정해진다.

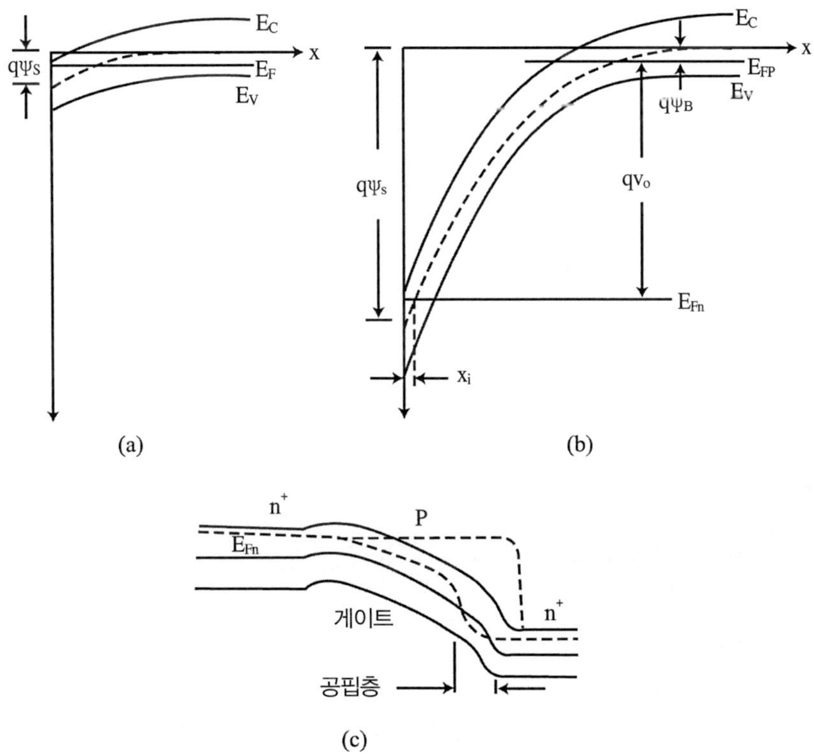


| 그림 1.24 | N채널 MOSFET 에너지 밴드 다이어그램. (a) 수직 방향(소스), (b) 수직 방향(드레인), (c) 수평 방향

위에서 설명한 것처럼 선형 영역을 지난 이후 포화 영역에 가서는 그림 1.25에서 보는 바와 같이 드레인 전류가 포화되는데 그 이유를 알아보자. 먼저 선형

영역에서는 드레인 전압이 증가하면 채널의 드레인쪽 끝 부분은 전압이 증가하므로 산화막에 걸리는 전압이 감소하여 채널의 반전 전자는 감소한다. 즉, 채널의 저항이 증가하여 $I_D$ 증가 경향이 줄어든다(A - B 점 사이). 핀치오프가 생긴 이후에는(B 점 이후) 전류가 거의 일정하다. $V_D$가 증가하면 증가분은 모두 핀치오프 영역에만 걸린다. 핀치오프 이후 채널 부분에는 일정한 전압($V_{GS}$ - $V_{TH}$)만 걸리고 나머지는 핀치오프 영역에만 걸린다. 핀치오프 영역의 수평 전계는 증가하지만 전류의 흐름을 제한하지는 못한다. 실제 전류는 채널에 걸리는 전압 및 저항에 의하여 좌우되기 때문에, 전압 ($V_{GS}$ - $V_{TH}$)가 일정하고 저항도 변화가 없기 때문에 전류는 일정하게 포화된다. 그림 1.26은 그림 1.25의 (a) ~ (d) 점에서 MOSFET의 채널 동작을 나타낸다.

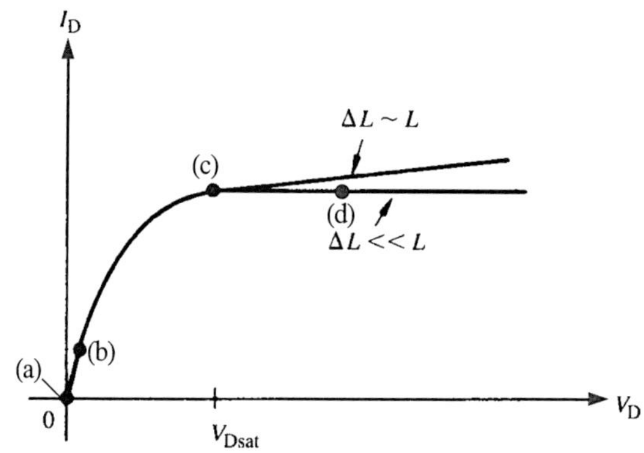


| 그림 1.25 | MOSFET 전류 전압 특성 곡선

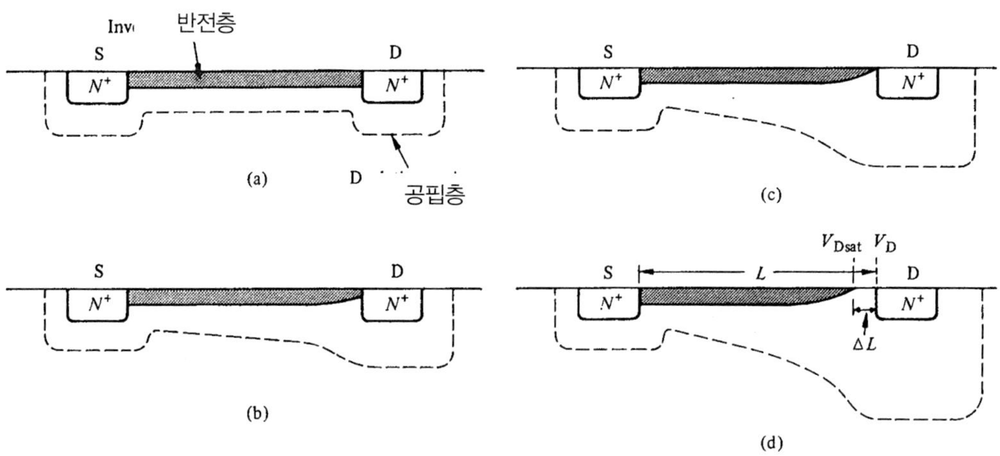


| 그림 1.26 | 그림 1.25의 특성 곡선에서 드레인 전압 변화 시 채널 변화

CHAPTER

# 2

# 반도체의 기본회로와 기능

제1장에서는 반도체 속에서 전하의 움직임이나 접합의 형성 및 트랜지스터의 구성과 동작에 대하여 설명하였고, 증폭이나 스위칭(switching) 작용이 왜 필요한가에 대해 언급하였다. 본장에서는 각 소자들의 응용에 대해서 다루며, 보다 이해를 돕기 위해 구체적으로 계산하는 예를 들어 살펴보고 사용 목적에 따른 필요한 기능에 대해서도 언급한다. 그리고 이러한 기능들을 가진 소자들이 앞 장에서 설명한 반도체 및 트랜지스터의 어떠한 성질에 의하여 구현되는가에 대하여 설명한다. 여기서 기능이란 "움직임"이나 "작용"을 의미하는 일반 용어이나, 반도체 회로에서는 주로 계산을 염두에 두고 기능이라는 용어를 사용한다. 예를 들어 기계식으로 동작하는 시계에서 시계추의 기능은 일정 시간으로 진동함으로써 시간을 계측하는 것이며 톱니바퀴의 기능은 회전의 각도를 일정 비율로 변환하는 것이다.

현재 사용되고 있는 디지털 컴퓨터(digital computer)는 현대 사회에서 매우 중요한 역할을 하고 있으며, 컴퓨터 없이는 이룩하지 못할 과학, 산업 및 상업 분야의 발전에 대단한 기여를 하고 있다고 볼 수 있다. 이러한 디지털 컴퓨터의 가장 대표적인 것이 디지털 시스템(digital system)이라고 볼 수 있다. 디지털 시스템이란 불연속적(discrete) 요소를 갖는 데이터를 처리하는 시스템으로, 데이터들은 유한한 수를 갖는 요소들로 정의되어진다. 예를 들면 10개의 10진수 숫자나 알파벳 26문자 등이다. 초창기의 디지털 컴퓨터는 주로 숫자라는 불연속적 요소를 처리하는 수치계산에 많이 사용되었다.

디지털 시스템의 신호는 두 종류의 불연속적인 값으로 정의되고 있는데, 이 두 종류의 값을 2진값이라 부른다. 여러 단계의 값을 갖는 아날로그(analog)형 전자 회로가 각 값의 단계를 구분하기 어려운 점이 있다. 다시 말해, 각 상태의 전압값을 하나의 불연속적인 값으로 표현할 수 있다면, 10개의 다른 값을 갖는 단계를 갖는 회로를 설계할 수도 있다. 그러나 실제의 동작에서는 이렇게 많은 단계들을 서로 구별하다 보면 오차가 발생하여 회로의 동작에 대한 신뢰가 낮아질 것이다. 이와는 대조적으로 켜지거나(On) 꺼지는(Off) 두 개의 신호값 즉, '1'(= High)과 '0'(= Low)의 2진값을 갖는 트랜지스터로 만들어지는 디지털 시스템은 매우 높은 신뢰도를 갖는 동작이 가능하다. 이렇게 2진값을 사용하는 디지털 시스템은 전자부품 자체가 갖는 특성과 인간의 이분법적 논리적 특성(참 또는 거짓, 예 또는 아니오)이 잘 조화되는 시스템이라 할 수 있다.

## 2.1 10진법과 2진법

우선은 2진법을 사용하는 이유에 대해 간단히 살펴보도록 하자. 2진법(binary)과 10진법(decimal)은 수를 표현하기 위한 여러 가지 수 체계(number system)의 하나로 수 체계에 사용되는 기호 또는 숫자의 개수를 기수(radix) 또는 기저(base)라고 부른다. 우리가 수를 계산할 때 '0', '1', '2', … '8', '9'로 10개의 숫자를 사용하므로 기수는 '10'이고 이를 10진법이라 한다. 그러나 2진법은 '0'과 '1'을 사용하기 때문에 기수가 2이다. 이처럼 숫자를 세는 방법을 뜻하는 "진법"의 앞에 붙어 진법의 이름을 결정하는 것이 기수이다. 10진법에서는 '9'다음 숫자를 '10'으로 두 번째 자리로 '1'을 자리 올림하는 것으로 한 단계 더 높은 자리의 숫자를 표현할 수 있다. 그러나 10개의 숫자를 사용하는 10진법이 반드시 필요한 것은 아니며 '9'가 아닌 다른 수부터 단위를 올리는 것도 가능할 것이다. 그럼에도 10으로 단위를 올리는 이유는 사람의 손가락이 좌, 우 합하여 10개 있는 것 때문이라고 생각된다. 사람들은 옛날부터 손가락을 구부리면서 숫자를 계산하였고 손가락을 사용하여 계산할 수 있는 한계가 10이기 때문에 다음 자리로 올려주는 숫자를 '10'으로 하는 계산 방법을 배워 왔던 것이다.

하지만 우리는 여기서 "사람이 아닌 기계, 시스템 혹은 트랜지스터의 경우에도 10개의 숫자를 사용하는 10진법이 편리할까?"라는 의문을 가질 수 있다. 대답은 "아니다"이다. 트랜지스터는 그림 2.1과 같이 켜짐(On)과 꺼짐(Off)의 두 가지 상태를 갖는다. 그림 2.1은 트랜지스터의 켜짐과 꺼짐의 두 가지 상태를 손가락 계산 방법과 비교한 것이다. 트랜지스터의 켜짐 상태는 손가락이 구부러진 상태와 대응하고 트랜지스터의 꺼짐 상태는 손가락이 펴진 상태와 대응한다고 생각할 수 있다. 그러나 트랜지스터의 경우는 10개의 손가락이 있는 손과는 다르나 그렇다고 손가락 계산과 대응시키기 위하여 몇 개의 트랜지스터를 모아서 만들 필요는 없다. 트랜지스터 몇 개를 모아 만들어도 계산을 할 때는 또 분해하게 되므로 대개의 경우 기본적으로는 켜짐(On) = 1, 꺼짐(Off) = 0의 '0'과 '1'만을 사용하는 2진법을 사용하고 있다. 즉, 2진법이란 손가락이 1개라고 생각하면 된다. 표 2.1의 예와 같이 '0' 다음은 '1'이며 그 다음은 '0'의 다음 자리로 올라가 '1'이 단위 올림되어 '10'이 된다. 이와 같이 2진법에서처럼 하나의 '0'이나 '1'에 의하여 표시되는 정보량을 1비트라 부른다. 즉, 1비트는 한 자리를 차지한다.

예를 들어 16K비트 메모리란 1만 6천 개의 '0' 또는 '1'을 기억하고 있는 메모리를 말한다. 디지털 시스템은 비트(Bit)라는 단위로 정보량을 나타내고 있다. 트랜지스터의 꺼짐과 켜지는 동작에서 얻어지는 출력 전압에 '0'과 '1'을 대응시키는 방법에서는 일반적으로 높은 전압의 레벨을 '1'로 하고, 낮은 레벨의 전압을 '0'으로 사용한다.

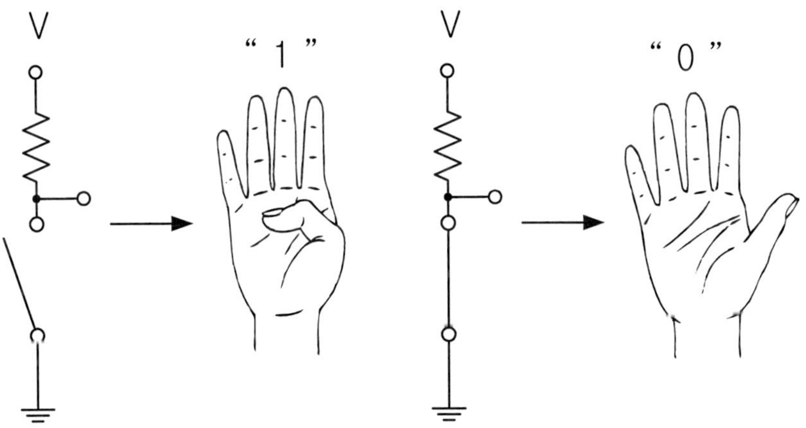


| 그림 2.1 | 켜짐(On), 꺼짐(Off)과 손가락 계산과의 비교

따라서 그림 2.1의 회로는 전원 전압이 V로 정의될 경우 스위치 즉, 트랜지스터가 꺼짐(Off)일 때 출력에는 전원 전압 V가 나타나고 이 상태를 '1'로 정의하며, 스위치가 켜짐(On)일 때 출력이 바닥의 그라운드 전압과 연결되어 0의 전압이 나타나며 이 상태를 '0'으로 정의한다. 여러 가지 수 체계는 서로 변환이 가능하다. 수를 분해하거나 재조합하여 변환이 가능하지만 이 책에서는 변환에 관한 부분은 다루지 않는다.

| 표 2.1 | 10진법과 2진법의 대응

| 10진법(Decimal) | 2진법(Binary) |
| --- | --- |
| 0 | 0000 |
| 1 | 0001 |
| 2 | 0010 |
| 3 | 0011 |
| 4 | 0100 |

| 표 2.1 | 10진법과 2진법의 대응 (계속)

| 10진법(Decimal) | 2진법(Binary) |
|---|---|
| 5 | 0101 |
| 6 | 0110 |
| 7 | 0111 |
| 8 | 1000 |
| 9 | 1001 |
| 10 | 1010 |

### 1) 10진법(Decimal)

10진법은 우리가 사용하는 수는 숫자를 그냥 사용하지만 원칙적으로는 오른쪽 아래에 작은 첨자로 '10'을 나타내 10진법을 표시해 주어야 한다. 그리고 숫자의 위치에 따라 곱해지는 10의 지수함수의 값이 바뀌게 된다. 여기서 지수함수란 a를 1이 아닌 양의 상수, x를 모든 실수값을 가지는 변수라고 할 때 y = ax로 주어지는 함수를 말한다. 여기에서 a가 기수가 되며 x가 지수함수의 값이 된다. 이러한 방법으로 10진수 '$256_{10}$'을 분석하면 다음과 같이 분해할 수 있다.

$$256_{10} = (2 \times 10^2) + (5 \times 10^1) + (6 \times 10^0)$$

이처럼 기본 숫자의 위치에 따라 곱해지는 10의 지수함수의 값이 달라지는 것이다. 10의 지수함수가 '0'으로 시작되는 점을 기준점(reference point) 또는 10진수의 소수점(decimal point)이라고 한다. 정수의 경우는 일반적으로 오른쪽 끝에 있다고 생각하고 생략한다.

기준점의 왼쪽으로의 숫자는 '0'부터 커지는 지수함수의 값을 갖고, 오른쪽으로의 숫자는 '-1'부터 작아지는 지수함수의 값을 갖는다. 그리고 임의의 수 체계에 의한 수 표현에서 지수함수의 값이 가장 큰 숫자를 최상위수(MSD: Most Significant Digit)라고 부르고, 지수함수의 값이 가장 작은 숫자를 최하위수(LSD: Least Significant Digit)라고 부른다. 따라서 최상위수는 가장 왼쪽에 위치하고 최하위수는 가장 오른쪽에 위치하게 된다. 앞의 '$256_{10}$'의 예에서는 '2'가 최상위수가 되고 '6'이 최하위수가 된다.

3개의 자리를 갖는 10진수는 '0'에서 '999'까지 1000개의 다른 종류의 수를 나타낼 수 있다. 표현할 수 있는 가장 큰 수는 $10^3 - 1 = 1000 - 1 = 999$이다. 이처럼 일반적으로 N개의 자릿수를 갖는 숫자는 10진수에서 양수라는 조건하에서 다음과 같이 일반화된다.

- 계수(서로 다른 종류의 수)의 범위: $10^N$개
- 표현할 수 있는 가장 큰 수: $10^N - 1$

### 2) 2진법(Binary)

10진법에서와 마찬가지로 2진법에서도 원칙적으로 기수인 '2'를 표현된 숫자의 오른쪽 아래첨자로 표시해 주고 있다. 그리고 '1'과 '0'의 두 가지 숫자만을 갖기 때문에 binary digit라고 하고 줄여서 비트(Bit)라고 한다. 마찬가지로 지수함수의 값이 숫자의 위치에 따라 다르며 10진법에서의 숫자의 분석과 마찬가지로 2진수 '$1010_2$'를 분해하여 분석하면 다음과 같다.

$$
\begin{aligned}
&1010_2 \\
&= (1 \times 2^3) + (0 \times 2^2) + (1 \times 2^1) + (0 \times 2^0) \\
&= 8 + 0 + 2 + 0 = 10_{10}
\end{aligned}
$$

이처럼 기수를 '2'로 하여 지수함수로 분해가 가능하다. 비트가 '1'인 위치의 지수함수의 값을 계산하여 더하면 바로 10진수의 값이 얻어진다.

소수값(fractional value)의 표현도 10진수의 경우와 같다. 다만 숫자의 위치에 따른 기수가 '10'에서 '2'로 바뀔 뿐이다. 가장 왼쪽의 가장 큰 지수함수의 값을 갖는 비트를 최상위 비트(MSB: Most Significant Bit), 가장 오른쪽의 가장 작은 지수함수의 값을 갖는 비트를 최하위 비트(LSB: Least Significant Bit)라고 부른다. N 비트로 표현할 수 있는 2진수의 조건도 10진수의 조건과 같이 양수라는 조건하에서 다음과 같이 일반화된다.

- 계수의 범위(counting range): $2^N$개
- 표현할 수 있는 가장 큰 수: $2^N - 1$

## 2.2 논리 연산

건축 재료에도 기둥이나 판자 혹은 못 등의 기본 재료가 있다. 그리고 어떤 집이든지 이 기본 재료들을 사용하여 집의 형태를 완성해가는 것과 마찬가지로, 2진법에 의한 연산에도 기본이 되는 기능들이 있다. 그림 2.2는 2진법의 연산에서 필요한 기본 연산 기능(basic operation function)을 나타내고 있다. 2진법에서는 AND, OR, NOT의 3가지 기본 기능을 사용하여 모든 연산을 수행할 수 있다. 그림 2.2의 두 번째 열의 동작표가 다소 생소해 보일 수 있으나 알기 쉬운 기본 기능으로 다이오드, 트랜지스터 등의 동작을 복습하면서 설명하기로 한다.

### 1) AND 기능

우선 가장 위의 AND 기능은 동작표와 같은 연산의 결과를 제공한다. 즉, AND 동작표는 A, B의 두 가지 입력의 4가지의 조합에 대한 출력 D의 상태를 나타낸다. 여기서 알 수 있듯이 출력 D가 '1'이 되는 것은 입력 A와 B가 모두 '1'일 때이다. AND의 기능은 "AND"라는 단어의 뜻인 "그리고"에서도 알 수 있듯이 입력 A "그리고" 입력 B 모두가 '1'을 충족하는 교집합적인 의미의 동작을 한다. 이 AND 회로를 다이오드(diode)를 이용한 간단한 회로로 구현한 것이 동작표의 오른쪽에 나타나있다. 다이오드는 앞 절에서 설명한 바와 같이 p 영역(anode: 오른쪽 삼각형: 양극)이 '1'의 값을 가질 때, 다르게 말하면 n 영역(cathod: 왼쪽의 "|": 음극)이 '0'의 값을 가질 때 전류가 흐르고 켜짐(on) 상태가 된다. 따라서 두 입력 A와 B의 둘 중 하나라도 '0'이 되면 다이오드에 전류가 흘러 AND 출력 D도 '0'이 된다. 그리고 A와 B의 두 "입력 모두"가 '1' 즉, '+V'가 되면 다이오드에 전류가 흐르지 않으므로, 다이오드가 오프 상태가 되어 AND 출력 D에는 '1'(= +V)이 된다.

### 2) OR 기능

다음으로 OR 동작을 살펴보도록 하자. 두 번째의 OR 동작표를 보면 "OR"라는 단어의 뜻인 "둘 중 하나"와 같이 두 입력 A와 B중 "둘 중 하나"가 '1'이면 OR 출력 D가 '1'이 되는 동작을 한다. 이 OR 회로를 다이오드와 바이폴라(bipolar) 트랜지스터를 사용하여 간단한 회로로 구현한 것이 오른쪽에 나타나

있다. 두 입력 A와 B에 연결된 다이오드는 위의 AND 회로의 설명에서와 같이 양극(anode) 쪽이 '1'의 값을 가질 때 전류가 흐르기 때문에 두 입력 중 하나라도 '1'(= +V)의 값을 가지면 트랜지스터의 베이스(base)는 +V에 가까운 전압이 되며 베이스와 에미터(emitter) 사이에 전류가 흐르고 AND 출력 D도 +V에 가까운 전압이 된다. 즉, 입력 A와 B 둘 중 하나라도 '1'이면 출력 D는 '1'이 된다.

### 3) NOT 기능

마지막으로 가장 아래의 NOT 동작은 단어의 뜻과 같이 "아니다"의 의미인 '반전' 동작을 하게 된다. 즉, 입력 A가 '0'이면 출력 B는 '1'이고, 입력 A가 '1'이면 출력 B는 '0'이다. 이렇게 '반전' 동작을 시키기 때문에 NOT 동작을 하는 회로를 인버터(inverter)라고 한다. 오른쪽은 MOS 트랜지스터(NMOS)를 사용한 NOT 동작을 하는 간단한 인버터 회로이다. 입력 A에 '1'이 들어오면 스위치인 MOS 트랜지스터가 켜짐(On) 상태가 되어 전류가 흐르고 출력에는 아래쪽의 접지(ground)와 연결되면서 '0(= 0V)'이 NOT 출력 B로 출력된다. 마찬가지로 입력 A에 '0'이 들어오면 스위치가 꺼짐(Off) 상태가 되면서 NOT 출력 B로 +V가 출력되어 '1'이 나오게 된다. 실제의 회로에서는 부하로도 저항대신 MOS 트랜지스터를 사용하여 구성하기도 한다.

그림 2.2의 AND와 OR의 기능을 하는 회로는 입력이 A와 B의 두 개로만 구성되었지만, 반드시 입력을 두 개로 제한할 필요는 없다. 회로의 입력은 필요에 따라 여러 개로 늘릴 수 있다. 이 때문에 AND의 기능은 "입력 모두"라고 인식하고 OR의 기능은 "입력 중 어느 것 하나라도"로 인식하는 것이 좋다. 열차의 편성을 표시할 때 식당차는 나이프와 포크로 표시하고, 그린차는 그린 마크와 같은 기호로 표시하면 알아보기 쉬운 것과 동일하다. 이와 같이 복잡한 연산 회로를 표시할 때 그림 2.2의 가장 오른쪽과 같은 회로로 표시하기 보다는 가장 왼쪽의 기능을 나타내는 기호를 사용하여 표시하는 것이 회로를 이해하고 해석하는데 편리하다. 이렇게 기호를 사용한 회로의 표현은 그 기호들의 의미인 AND는 "입력 모두", OR는 "입력 중 어느 것 하나라도" 그리고 NOT은 "반전"이라는 의미를 떠올려 복잡한 연산 회로의 이해와 해석을 빠르고 간단하게 할 수 있다 앞으로 사칙 연산을 비롯한 복잡한 연산 회로들을 기호를 사용하여 설명하므로 회로의 동작과 이해를 돕도록 한다.

| 기능과 기호 | 동 작 표 | 간단한 회로 |
|---|---|---|
| AND<br>" 입력 모두 "<br>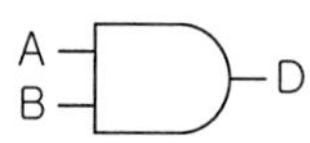 | A B \| D<br>0 0 \| 0<br>0 1 \| 0<br>1 0 \| 0<br>1 1 \| 1 | 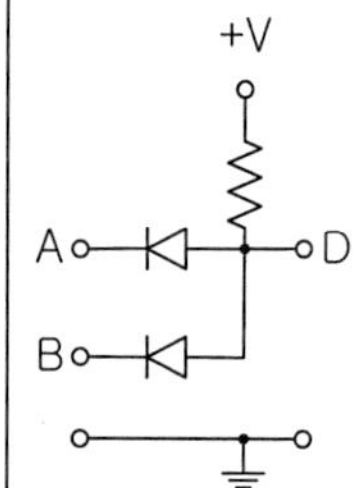 |
| OR<br>" 둘중 하나 "<br>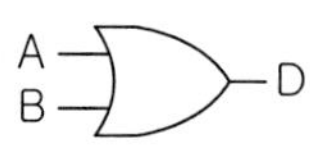 | A B \| D<br>0 0 \| 0<br>0 1 \| 1<br>1 0 \| 1<br>1 1 \| 1 | 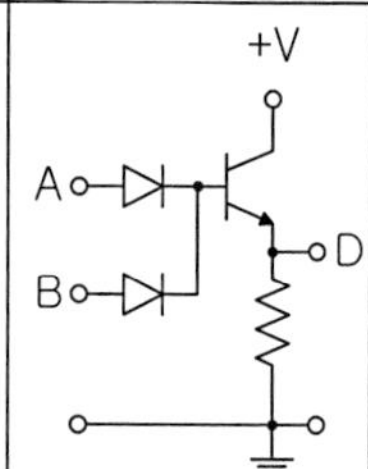 |
| NOT<br>" 반 전 "<br>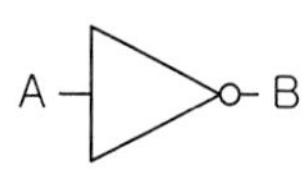 | A \| B<br>0 \| 1<br>1 \| 0 | 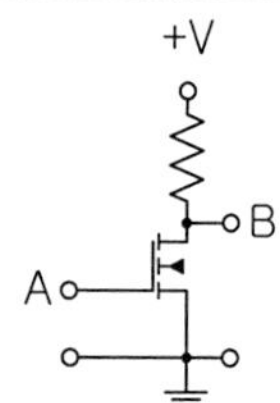 |

| 그림 2.2 | 기본 연산 기능(Basic operation function)

## 2.3 산술 연산

### 1) 덧셈 연산( + )

사람들이 하는 4칙 연산중에서 덧셈 연산은 가장 기본이 되는 연산이라 할 수 있다. 이는 트랜지스터 회로를 사용한 디지털 시스템의 연산에서도 마찬가지이다. 2진법의 연산에서의 덧셈 연산은 가장 아래 자리(오른쪽)의 순서대로 더하고, 자리 올림이 필요할 때 위쪽의 다음 자리(왼쪽)에 '1'을 자리 올림한다. 덧셈 연산에서는 이렇게 더해진 자리를 합(sum)이라고, 자리 올림된 자리를 캐리(carry)라고 한다. 표 2.2에 2진법의 덧셈 연산의 예를 나타내었다. 먼저 일반적으로 사람이 사용하는 10진법의 수 2와 3을 2진법으로 '10'과 '11'로 표시한 뒤 "2

+ 3"의 덧셈 연산을 2진법으로 수행하였다. 2진법으로 표시된 숫자의 두 번째 자리의 연산은 '1' + '1'로 '0'이 되고 왼쪽의 다음 자리로 '1'이 자리 올림이 발생한다. 표 2.3은 한 자리 단위의 2진법의 덧셈 연산을 간단한 표로 나타내었다. 즉 A와 B 양쪽이 '0'이면 합 A + B는 '0'이고, 두 입력 A와 B 둘 중 하나만 '1'이면 합 A + B는 '1'이다. 그리고 A와 B 두 입력이 모두 '1'일 때는 그 자리에서의 합은 '0'이 되며 자리 올림이 발생하여 왼쪽의 다음 자리에 '1'이 더해진다.

표 2.3의 한 자리 단위의 2진법의 덧셈을 그림 2.2에 나타낸 기호를 사용하여 어떻게 구성되는지 알아보도록 하자. 우선 간단한 자리 올림되는 자리인 캐리(carry) C에 관하여 살펴보면, 캐리 C의 계산은 A와 B 두 "입력 모두"가 '1'일 때 캐리 C의 자리가 '1'이 되므로 첫 번째에 있는 AND 기능을 사용하면 계산이 가능함을 알 수 있다. 다음으로 더해지는 자리인 합(sum) S는 두 입력 A와 B "둘 중 하나"가 '1'이면 합 S는 '1'이 된다. 그러나 A와 B 두 "입력 모두"가 '1'이면 '0'이므로 두 번쌔에 있는 OR 기능만 사용해서는 합 S는 계산될 수 없다. 이럴 때는 세 번째 기본 기능인 NOT 기능을 사용하여 어느 한쪽만 '1'일 때를 만들어주면 된다. 즉, 두 입력 A와 B 중 한쪽을 "반전"하여 둘 중 하나만 '1'이 되는 경우를 찾으면 된다. A를 반전했을 때와 B를 반전했을 때의 "둘 중 하나"가 '1'이면 합 S는 '1'인 회로를 만들 수 있다. 그림 2.3은 NOT, AND, OR 게이트를 사용하여 얻어진 회로이다.

| 표 2.2 | 2진법 덧셈 연산의 예

```
    1 0 (=2)
+)  1 1 (=3)
-----------
  1 0 1 (=5)
```

| 표 2.3 | 한 자리 단위의 2진법 덧셈

| A | B | A + B |
|---|---|---|
| 0 | 0 | 0 |
| 0 | 1 | 1 |
| 1 | 0 | 1 |
| 1 | 1 | 1 0 |

↑ 단위 올림

2진법 덧셈 회로의 동작에서 핵심은 A와 B 입력 모두가 '1'일 때 둘 중 한쪽의 입력이 반전되어 '0'이 되면 AND 회로를 통과하지 못하기 때문에 출력인 합 S는 '0'이 얻어진다는 것이다. 지금까지 한 자리 단위의 2진법의 덧셈에 관하여 살펴보았다. 한 자리 이상의 자릿수를 갖는 2진법의 덧셈은 아래 자리에서의 자리 올림된 수가 추가되어 연산이 이루어진다. 따라서 다음 자리에서 더해지는

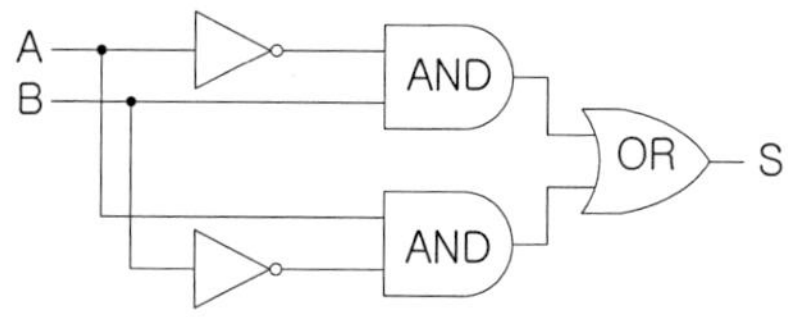


| A | B | S |
|---|---|---|
| 0 | 0 | 0 |
| 0 | 1 | 1 |
| 1 | 0 | 1 |
| 1 | 1 | 0 |

| 그림 2.3 | 한 자리 단위의 2진법 덧셈 회로

숫자는 3개가 될 것이므로 회로가 조금 더 복잡해진다. 여기서 회로에 대한 설명은 생략하지만 원칙적으로 같은 개념으로 NOT, AND, OR 게이트 회로 구현이 가능하다.

### 2) 뺄셈 연산(−)

덧셈 연산을 설명할 때도 이야기 했듯이 디지털 시스템에서는 4칙 연산을 비롯한 모든 연산이 덧셈을 기본으로 하여 이루어지게 되어있다. 뺄셈 연산도 덧셈 연산을 이용하여 얻을 수 있다. 이는 덧셈 연산을 하는 가산 회로와 뺄셈 연산을 하는 감산 회로를 별도로 구성하는 낭비를 줄일 수 있으므로 경제적이라고도 할 수 있다. 뺄셈 연산을 가산 회로만으로 하기 위하여 2진법에서는 “보수”라는 개념을 사용한다.

보수라는 것은 주어진 수에 새로운 수를 더하여 다음 자리의 한 자리 높은 단위로 이동할 수 있도록 하는 수를 말한다. 예를 들어 설명하면 10진법에서의 ‘6’의 보수는 ‘4’이다. 즉, ‘6’이라는 주어진 수에 더하여 다음 자리의 한 자리 높은 단위인 ‘10’이 될 수 있는 수 ‘4’가 보수가 되는 것이다.

디지털 시스템에서 보수(complement)는 뺄셈 연산과 논리 연산에 이용한다. 기수가 $r$인 $r$진법에는 두 종류의 보수가 있다. $r$의 보수와 $(r-1)$의 보수가 있다. 따라서 2진수에는 2의 보수와 1의 보수가 가능하고, 10진수에는 10의 보수와 9의 보수가 있다. 일반적으로는 $r$의 보수가 더 많이 사용된다.

먼저 $(r-1)$의 보수에 대해 알아보도록 하자. 일반적으로 $r$진법의 $n$자리의 수 $N_r$에 대하여, $(r-1)$의 보수는 $(r^n-1)-N_r$으로 정의된다. 예를 들어 10진수의 경우 $r = 10$이고 $(r - 1) = 9$이므로, $N_{10}$에 대한 9의 보수는 $(10^n - 1) - N_{10}$이다. 10진수에서 $10^n$은 최상위 $n$번째 자리에 하나의 '1'과 오른쪽으로 뒤이은 $n$개의 '0'으로 구성되어 있고, $10^n - 1$은 $n$개의 '9'로 구성되어 있다. 따라서 9의 보수는 9에서 원래 수 $N_{10}$의 각 자리의 숫자를 뺀 것과 같다. 즉, 10진수 $1234_{10}$에 대한 9의 보수는 $9999_{10} - 1234_{10} = 8765_{10}$이다. 다음으로 2진수의 경우는 $r = 2$이고, $(r - 1) = 1$이므로, 2진수 $N_2$에 대한 1의 보수는 10진수에서와 같이 $(2^n - 1) - N_2$으로 구할 수 있다. 2진수에서 $2^n$은 $n$번째 자리의 하나의 최상위 비트 '1'과 오른쪽으로 뒤이은 $n$개의 '0' 비트로 구성되어 있고, $2^n - 1$은 $n$개의 '1' 비트로 구성되어 있다. 따라서 어떤 2진수에 대한 1의 보수는 1에서 2진수 $N_2$의 각 자리의 숫자를 뺀 것과 같다. 즉 다시 말하면 2진수 $N_2$의 모든 자리의 비트를 '0'은 '1'로, '1'은 '0'으로 반전시킨 것과 같다. 예를 들어 $1010_2$에 대한 1의 보수는 각 자리 비트를 반전시킨 $0101_2$가 된다.

다음으로 보다 많이 사용되고 있는 $r$의 보수에 대해 알아보자. 일반적으로 $r$진법의 $n$ 자릿수의 수 $N_r$에 대한 $r$의 보수는 $N_r \neq 0$일 때 $r^n - N_r$이고, $N_r = 0$일 때는 0으로 정의된다. $r$의 보수는 $(r - 1)$의 보수에 '1'을 더함으로써 얻어진다. 즉 $r^n - N_r = [(r^n - 1) - N_r] + 1$이 성립한다. 예를 들면 10진수 $1234_{10}$에 대한 10의 보수는 $(9999_{10} - 1234_{10})$ + '1' = $8766_{10}$이 된다. 마찬가지로 2진수 $1010_2$에 대한 2의 보수는 1의 보수인 $0101_2$에 '1'을 더한 $0101_2$ + '1' = $0110_2$이 된다.

10진수에서 $10^n$은 하나의 '1'과 뒤이은 $n$개의 '0'으로 구성되어 있으므로, $N_{10}$에 대한 10의 보수 $10^n - N_{10}$은 최하위로부터의 연속된 '0'들을 그대로 두고 맨 처음 나오는 '0'이 아닌 수는 10에서 빼고 그 이후의 숫자는 각각 9에서 빼면 된다. 예를 들어 $248300_{10}$에 대한 10의 보수는 최하위로부터의 연속된 2개의 '0'은 그대로 두고 처음 나온 '0'이 아닌 수 3은 10에서 빼주고 그 이후로의 위쪽의 숫자들은 9에서 빼면 $751700_{10}$을 얻을 수 있다.

이와 같은 방법으로 2진수에서도 2의 보수를 간단하게 구할 수 있다. 우선 최하위로부터의 연속된 '0'들과 처음 나온 '1'까지는 그대로 두고, 이후로 위쪽으로 나오는 숫자들은 '0'은 '1'로, '1'은 '0'으로 반전시켜주면 된다. 예를 들어 $101101000_2$의 2의 보수는 뒤쪽의 '1000'은 그대로 두고 이후의 위쪽을 반전시킨 $010011000_2$가 된다. 혹은 모든 비트들을 반전시키고 나서 최하위 비트에 '1'을 더하면 된다. $101101000_2$을 반전시키면 $010010111_2$이 되고 여기에 '1'을 더해 $010011000_2$가 얻어진다.

| 표 2.4 | (a) 보수의 역할

$$\begin{aligned} 8-6 &= 8+\overbrace{(10-6)}^{\text{6의 보수}}-10 && (1)\\ &= 8+4-10 && (2)\\ &= 12-10 && (3)\\ &= 2 && (4) \end{aligned}$$

(b) 2진법에서의 보수

```
0 1 1 0  ← 2진법으로 표시한 6
   ↓  각 자리를 반전함
1 0 0 1
   ↓  1을 더함 (+1)
1 0 1 0  ← 0110의 보수

검산
  0 1 1 0 ← 최초의수
+ 1 0 1 0 ← 보수
---------
1 0 0 0 0
```

표 2.4(a)는 덧셈 연산을 이용하여 뺄셈 연산을 가능하게 하는 보수의 역할을 보여준다. 여기에서 (3)식에서는 뺄셈 연산을 하는 것으로 보일 수도 있지만, 실제로는 12라는 수에서 10이라는 한 자리 위의 수를 무시하는 것으로 뺄셈 연산을 하지 않고 덧셈 연산만을 통하여 뺄셈 연산의 결과를 얻을 수 있다. 2진법에서의 보수의 사용법을 표 2.4(b)에 나타내었다. 10진법의 수 '6'을 2진법의 수 '0110'으로 표시한 후 먼저 2진법의 각 자리를 '0'은 '1'로 '1'은 '0'으로 반전시킨다. 다음으로 최하위 자리의 수에 '1'을 더한다. 덧셈 연산이므로 자리 올림이 발생하면 자리 올림을 한다. 이렇게 하면 표 2.4(b)의 검산 부분에서 알 수 있듯이 최초의 수와 보수의 덧셈 연산을 수행했을 때 한 자리 높은 단위로 '1'이 발생하므로 2진법에서의 주어진 수의 보수가 구해진 것을 확인할 수 있다.

표 2.5는 표 2.4(a)에서 10진법의 두 수의 뺄셈 연산을 2진법으로 표현한 것이다. 이 2진법의 뺄셈 연산에서 표 2.4(b)에서 보여준 보수의 개념을 도입함으로써 2진법의 덧셈 연산만으로 뺄셈 연산이 가능한 것을 증명하고 있다. 단, 2진법의 덧셈 연산을 이용한 뺄셈 연산은 빼야 하는 2진법의 수의 각 자리를 반전시킨 후 최하위 자리에 '1'을 더하고 마지막으로 더해진 결과의 최상위 자리를 무시하는 과정이 있어야 가능하다. 뺄셈 연산 역시 그림 2.3의 2진법 덧셈 회로처럼 그림 2.2의 기본 연산 게이트를 이용하여 구현이 가능하다.

| 표 2.5 | 2진법 뺄셈 연산의 예

```
              8 - 6 = 2

          1 0 0 0          (=8)
   +      1 0 1 0          (=6의 보수)
  ---------------------------
         1 0 0 1 0
         ↑
       최상위 비트를 무시한다면
                ↓
           1 1 1 0 → (=2)
```

### 3) 곱셈 연산( × )

앞에서도 이야기했듯이 2진법에서의 덧셈 연산은 모든 연산의 기본이 되고 덧셈 연산만으로 다른 연산들을 구성할 수 있기 때문에 2진법에서의 곱셈 역사과 나눗셈 연산은 덧셈 연산과 뺄셈 연산의 위치를 변경하면서 구성하여 수행 가능하다. 표 2.6은 10진수 곱셈 연산 "6 × 5"의 2진수 곱셈 연산이다. 이것은 곱하는 수의 비트를 낮은 자릿수부터 연속적인 살펴가는 과정으로 얻어진다. 먼저 왼쪽의 곱해지는 수인 피승수(multiplicand) 6 = '110'과 오른쪽의 곱하는 수인 승수(multiplier) 5 = '101'의 자릿수를 일치시켜준다. 다음으로 승수 '101'에서 '1'인 자리의 연산은 피승수 '110'을 그대로 가져오게 된다. 그리고 '0'인 자리의 연산 부분은 모든 자리를 '0'으로 하면 된다. 지수가 0인 즉, 승수의 최하위 비트에서 나온 결과인 부분 곱의 결과(partial product)는 승수 및 피승수의 최하위 비트인 지수가 '0'인 부분에 맞추어 같은 줄에 써주고, 다음으로 계산되는 즉, 승수의 지수가 '1'인 부분 곱의 결과는 전체적으로 한 자리만큼 왼쪽으로 이동하여 각 자리의 지수에 1씩 더한 결과로 놓는다. 이처럼 승수의 지수만큼 부분 곱의 결과는 왼쪽으로 한 자리씩 이동하여 아래로 나열하게 된다. 최종적으로 모든 부분 곱의 결과를 더한 것이 2진수의 곱셈 연산의 결과가 된다. 아래로 한 자리씩 이동하며 연속적인 줄을 이루도록 하는 것을 쉬프트(shift) 연산이라 한다. 그리고 마지막으로 곱셈 연산 결과의 부호는 승수와 피승수의 부호에 의하여 결정된다. 부호가 서로 같으면 결과의 부호는 양수(+)이며, 다르면 결과의 부호는 음수(-)이다.

위의 예를 보면 2진수의 곱셈 연산은 연속적으로 위치(자리)를 이동하는 쉬프트 기능과 2진법 덧셈 연산의 두 가지 기능으로 결과가 얻어진다는 것을 알 수 있다. 이처럼 2진법의 곱셈 연산은 10진법의 곱셈 연산보다 동일 형태의 연산이 반복되기 때문에 실제 회로도 간단한 기능의 반복 사용으로 구현이 가능하다. 단, 디지털 회로를 구성하는 과정에서 위의 방법을 기본으로 하여 연산 순서에 약간의 변화를 주어 회로가 간단하면서도 고속으로 결과를 얻을 수 있는 방법들이 있다.

| 표 2.6 | 2진법 곱셈 연산의 예

```
        6 × 5 = 30

          1 1 0  ( = 6:피승수(Multiplicand))
×         1 0 1  ( = 5:승수(Multiplier))
-----------------
          1 1 0  ( = 5:부분 곱(Partial product))
        0 0 0
      1 1 0
-----------------
      1 1 1 1 0  ( = 30:곱(Product))
```

### 4) 나눗셈 연산( ÷ )

일반적인 연필과 종이를 사용한 2진수의 나눗셈은 연속적인 비교기능, 쉬프트, 그리고 뺄셈 연산의 반복으로 이루어진다. 디지털 회로로 구현하는 2진수의 나눗셈은 10진수의 나눗셈보다 간단하다.

그 이유는 몫(quotient)의 숫자가 '0'이거나 '1'이기 때문에 10진수의 나눗셈에서처럼 나눠지는 수인 피젯수(dividend)나 부분 나머지(partial remainder)가 나누는 수인 젯수(divisor)의 몇 배인지를 결정할 필요가 없기 때문이다.

표 2.7에 2진법 나눗셈 연산의 예를 나타내었다. 2진법 나눗셈 연산은 2진법 덧셈 연산대신 2진법 뺄셈 연산과 자릿수를 이동하는 기능만으로 수행 가능하다고 했다. 젯수인 $6_{10}$의 2진수 표현은 '$110_2$'는 3자리의 3비트의 수이며 피젯수인 $30_{10}$의 2진수 표현인 '$11110_2$'은 5자리의 수이다. 피젯수가 젯수보다 2자리 크기 때문에 2자리만큼 왼쪽으로 이동하여 계산을 시작하고 몫은 2자리 높은 곳부터 채워진다. 우선 피젯수의 왼쪽 3자리인 '$111_2$'이 젯수인 '$110_2$'보다 크기 때문에 피젯수에서 젯수를 뺄 수 있으므로 몫의 3번째 자리는 '1'이 된다. 그리고 피젯수에서 젯수를 왼쪽으로 2자리 이동한 '$11000_2$'를 빼면 부분 나머지는 '$0110_2$'이 된다. 다음으로 부분 나머지가 젯수를 왼쪽으로 한자리 이동한 '$1100_2$'보다 작아 젯수를 뺄 수 없으므로 왼쪽에서 2번째 자리의 몫은 '0'이 되고 부분

나머지는 다음 계산을 위해 아래로 이동해 준다. 표 2.7의 예에서는 이 부분은 나타나지 않는다. 그리고 마지막으로 최하위 비트 단위의 몫은 부분 나머지 '$110_2$'와 젯수 '$110_2$'가 같으므로 뺄 수 있기 때문에 몫은 '1'이 되고 뺄셈을 하여 나머지는 '0'이 된다. 이렇게 2진수의 나눗셈을 진행하면 피젯수 '$11110_2$'를 젯수 '$110_2$'로 나눈 몫은 '$101_2$'가 되고 나머지는 '0'이 된다.

| 표 2.7 | 2진법 나눗셈 연산의 예

```
                 30 ÷ 6 = 5

((Divisor) 젯수: 6)
                        1 0 1  ( = 5:몫(Quotient))
              1 1 0 ) 1 1 1 1 0  ( = 30:피젯수(Dividend))
                      1 1 0
              -------------------
                        1 1 0  ( = 6:부분나머지
                        1 1 0       (Partial remainder))
              -------------------
                            0  ( = 0:나머지(Remainder))
```

위와 같이 2진수의 나눗셈 연산도 곱셈 연산보다는 약간 복잡하지만 거의 비슷하게 뺄셈 연산과 자리 이동하는 쉬프트 동작만으로 구현이 가능한 것을 알 수 있다. 회로로 구현할 때는 연산 속도의 향상과 회로의 크기를 감소시키기 위한 여러 가지 알고리즘(algorithm)들이 알려져 있다. 위의 결과에서 2진수의 곱셈 연산과 나눗셈 연산을 하면서 공통적으로 사용되는 자리 이동 역할을 하는 쉬프트 동작이 중요하다는 것을 알 수 있다. 이 쉬프트 동작은 쉬프트 레지스터(shift register)를 여러 개 사용하여 구현할 수 있으며, 자세한 설명은 다음 장에서 한다.

## 2.4 연산 장치

컴퓨터와 같이 기계적인 시스템에서 데이터 처리 명령어의 실행에 사용되는 여러 가지 회로는 일반적으로 산술 논리 연산 장치(ALU: Arithmetic and Logic Unit) 속에 통합되어 있다. 산술 논리 장치는 조합 논리 회로로 이루어져 있으며, 기본적인 산술 연산과 논리 연산을 동시에 실행한다. 조합 논리(combinational logic) 회로란 입력과 출력을 갖는 논리 게이트(AND, OR, NOT 등)의 집합으로 플립플롭(flip-flop)과 같은 기억 회로를 포함하지 않기 때문에 시간에 따라 결과가 변하지 않는 회로를 말한다. 산술 논리 장치의 복잡도는 일반적으로 산술 명령이 구현되는 방법에 따라 결정된다.

컴퓨터는 개개의 레지스터가 직접 마이크로 동작을 실행하는 대신에 ALU에 여러 개의 레지스터를 연결하여 사용한다. 그러므로 연산 기능별로 각각의 연산 회로를 갖지 않고 ALU에 통합 처리하므로 컴퓨터 시스템이 차지하는 공간이 줄어들고 시스템을 효율적으로 만들 수 있다. 마이크로 동작은 입력, 직접 연산을 하는 실행, 전송의 과정을 거치게 된다. 우선 마이크로 동작을 실행하기 위해서는 지정된 레지스터의 내용, 즉 데이터를 ALU에 입력해야 한다. 다음으로 지시하는 기능에 따라 ALU에서 입력된 데이터의 연산이 수행되며, 그 결과를 지정된 레지스터나 혹은 출력 장치로 전송한다. 여기에서 레지스터(register)는 2진 정보를 저장하는 플립플롭의 그룹으로 데이터를 저장하거나, 저장된 데이터를 읽을 수 있는 기능을 갖는다. 그리고 마이크로 동작(micro-operation)이란 레지스터에 저장된 데이터가 연산 장치에 이동되어 연산의 결과를 얻는 일련의 동작을 말한다. 이에 대한 자세한 설명은 3장에서 설명한다. 기본적인 산술 마이크로 동작에는 덧셈(+), 뺄셈(－), 증가(+1), 감소(－1) 및 데이터의 자리 이동인 쉬프트 등이 있다. ALU는 통합된 여러 가지 연산 동작을 선택하기 위해 제어할 수 있는 입력을 갖고 있다. 이 제어 입력들은 ALU 안에서 디코드(decode)된다. 따라서 $k$개의 선택 입력이 $2k$개의 서로 다른 동작을 지정할 수 있다.

그림 2.4는 4비트 데이터의 연산이 가능한 ALU 블록도를 나타내고 있다. A로 4비트 데이터가 입력되고 B로 4비트의 데이터가 입력된 후에 연산된 결과 4비트가 F로 출력된다. 모드 선택 입력 $S_2$는 산술(arithmetic) 동작과 논리(logic) 동작을 구분하고, $S_1$과 $S_0$ 2비트의 제어 입력은 $S_2$에 의해 선택되는 산술 동작이나 논리 동작 중에 특정한 연산을 지정한다. 세 개의 제어 입력 $S_2$, $S_1$, $S_0$을 갖고, $S_2$가 '0'인 상태에서는 8개의 산술 동작을 지정하고 '1'인 상태에서는 4개의 논리 동작을 지정하는 것이 가능하다. 입·출력 자리 올림수(carry)는 $S_2$가 '0'일 때인 산술 동작에서만 있으며 입력 자리 올림수 $C_{in}$은 산술 동작에 대한 4번째 선택 입력으로서 빈번히 사용됨으로써 8개의 산술 동작의 지정이 가능해진다. 일반적으로 ALU를 설계할 때는 산술 연산 회로와 논리 연산 회로를 각 설계하여 이 두 부분을 합하고, 여기에 제어 회로를 추가한다.

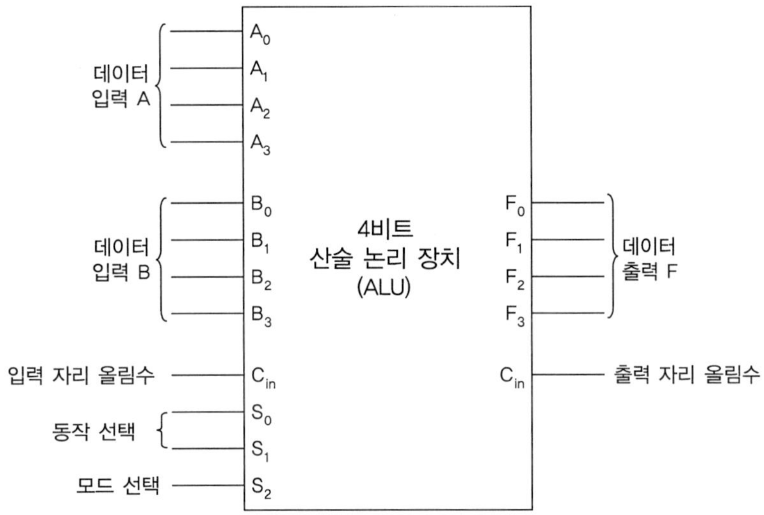


| 그림 2.4 | 4비트 ALU의 블록도

### 1) 산술 연산 회로

산술 연산 회로의 기본 구성 요소는 병렬 가산기(parallel adder)이며, 병렬 가산기는 여러 개의 전가산기(full adder)를 직렬로 연결하여 구성한다. 산술 연산 회로에서는 병렬 가산기의 데이터 입력을 제어함으로써 다른 종류의 산술 동작을 얻는 것이 가능하다. 그림 2.5의 산술 회로의 블록도는 병렬 가산기에 입력이 두 제어 입력 $S_1$과 $S_2$에 의하여 선택되는 것을 보여주고 있다. 그림 2.5의 산술 연산기는 각각 *n* 비트로 구성된 두 개의 입력 A와 B 그리고 *n* 비트의 하나의 출력 F를 가지고 있다. A에서 *n* 비트 2진수 입력은 병렬 가산기의 X 입력으로 직접 들어가고, B로부터 *n* 비트 2진수 입력이 조합 논리 회로를 지나 병렬 가산기의 Y입력으로 들어간다. 산술 회로의 입력 자리 올림수 $C_{in}$은 '0' 또는 '1'의 값을 갖고 최하위 비트 위치에 있는 내부 전가산기의 회로의 입력 자리 올림수 $C_{in}$으로 입력되고, 산술 회로의 출력 자리 올림수 $C_{out}$은 $C_{in}$과 마찬가지로 '0' 또는 '1'의 값을 갖으며 최상위 위치에 있는 내부 전가산기의 출력 자리 올림수로 얻어진다. *n* 비트 병렬 가산기의 출력 F는 다음과 같이 산술 합이 계산된다.

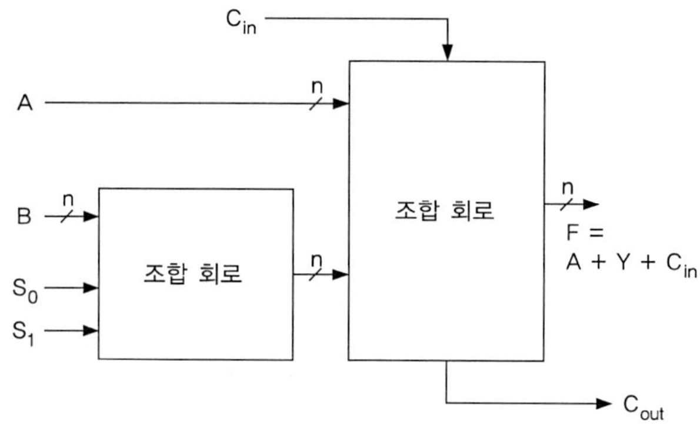


| 그림 2.5 | 산술 회로의 블록도

$$F = A + Y + C_{in}$$

위의 식에 있는 부호 '+'가 산술 덧셈을 표시함에 주의하라. 두 개의 제어 입력 $S_1$과 $S_0$에 따라 선택되는 산술 회로의 동작의 함수표를 표 2.8에 나타내었다. 만약 B로부터의 입력이 무시되어 Y입력에 '0'이 입력된다면 출력의 합은 F = A + 0 + $C_{in}$이 된다. $C_{in}$ = 0이면 F = A가 되고, $C_{in}$ = 1이면 F = A + 1이 된다. 첫 번째 F = A의 경우는 입력 A가 출력 F로 직접 전송되는 결과가 얻어지고, 두 번째 F = A + 1의 경우는 A의 값이 1만큼 증가한다. 직접 A와 B의 두 값을 산술덧셈을 하기 위해서는 B의 입력을 병렬 가산기의 Y 입력으로 전송되도록 제어 입력을 선택하면 결과가 얻어진다.

| 표 2.8 | 산술 회로 함수표

| 선택 입력 | | 입력 | F=A+Y+$C_{in}$ | |
|---|---|---|---|---|
| $S_1$ | $S_0$ | Y | $C_{in}$=0 | $C_{in}$=1 |
| 0 | 0 | 모두 0 | F = A(전송) | F = A + 1(증가) |
| 0 | 1 | B | F = A = B(덧셈) | F = A + B + 1 |
| 1 | 0 | $\overline{B}$ | F = A + $\overline{B}$ | F = A + $\overline{B}$ + 1(뺄셈) |
| 1 | 1 | 모두 1 | F = A − 1(감소) | F = A(전송) |

표 2.8을 보면 산술 덧셈은 $C_{in}$ = 0이고 $S_1$, $S_0$가 '01'일 때 F = A + B로 가능하며, 산술 뺄셈 F = A - B를 얻기 위해서는 $C_{in}$ = 1이고 $S_1$, $S_0$가 '10'일 때 Y가 B의 r의 보수(r = 2)가 되면 가능하다. 즉, ' - B'를 B의 2의 보수인 '$\overline{B}$ + 1'로 변환

해 F = A - B = A + ($\overline{B}$ + 1)로 만들면 된다. $C_{in}$ = 0이고 $S_0$, $S_1$가 둘 다 '11'일 때 F = A - 1의 감소 동작을 한다. 즉, Y의 모든 입력이 '1'이 된다는 것은 '1'의 2의 보수가 된다는 것을 뜻한다. 왜냐하면 2진수에서 모든 비트가 '1'인 수는 2의 보수와 같기 때문이다. 예를 들면, 2진수 '0001'의 2의 보수는 최하위 비트인 '1'을 그대로 두고 나머지 비트를 반전시킨 '1111'이다. A에 '1'의 2의 보수를 더한다는 것은 '1'이 ' - 1'이 되어 감소 동작인 F = A - 1이 가능해지는 것이다.

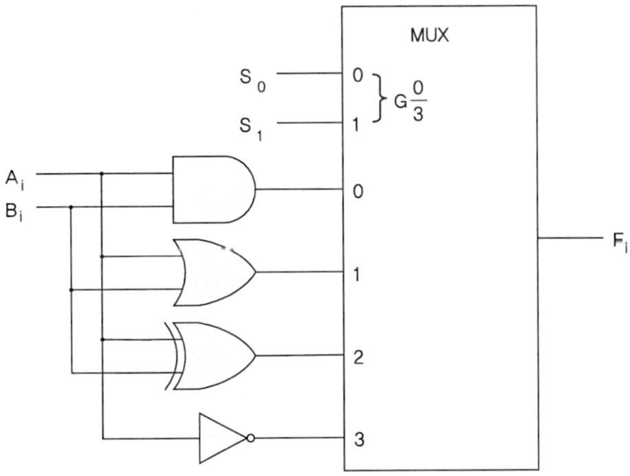


(a) 논리도

| $S_1$ | $S_0$ | 출력 | 동작 |
|---|---|---|---|
| 0 | 0 | F = A ∩ B | AND |
| 0 | 1 | F = A ∪ B | OR |
| 1 | 0 | F = A ⊕ B | XOR |
| 1 | 1 | F = $\overline{A}$ | 보수화 |

(b) 함수표

| 그림 2.6 | 논리 회로의 한 단계

## 2) 논리 연산 회로

논리 연산 회로에는 4가지의 기본적인 논리 연산 기능이 있으며, 이 기본 기능만으로 다른 모든 논리 연산 동작을 유도할 수 있다. 이 4가지 논리 연산은 AND(= 교집합), OR(= 합집합), XOR(exclusive-OR)와 NOT(= 반전 : complement) 동작이다. 여기에서 XOR 동작이란 두 입력 중 어느 한쪽이 참이면, 그 때만 참이 되는 논리 동작이다. 즉, 두 입력이 같은 '00', '11'의 경우는 '0'이고, 두 입력이 다른 '01', '10'의 경우에만 '1'이 된다. 그림 2.6(a)는 간단한 논리 연산 회로를 나타낸다. 그림에서 논리 연산 회로는 4개의 논리 게이트(AND, OR, XOR, NOT)와 하나의 멀티플렉서(MUX: Multiplexer)로 구성된다. 멀티플렉서 즉, 다중화기란 $n$개의 제어 입력을 가지고 $2^n$개의 입력 중 하나를 선택하여 출력할 수 있는 회로이다. 논리 회로의 4개의 논리 동작은 요구되는 논리를 실행하는 논리 게이트(AND, OR, XOR, NOT)에서 모두 일어나지만 원하는 게이트의 출력은 선택 입력 $S_1$, $S_0$를 따라 멀티플렉서에서 하나만 선택되어 출력된다. 그림 2.6(a)는 첨자 i를 가진 i 번째 단계에서의 논리 회로를 보이고 있다. $n$ 비트를 가진 논리 회로에서 이 그림은 i = 0, 1, 2, … $n$ - 1에 따라 $n$번 반복된다. 선택 입력은 모든 단계에 적용되어 각 단계의 출력을 결정하며, 그림 2.6(b)에 있는 함수표는 선택 입력의 조합으로 얻어진 논리 회로의 동작과 출력을 기호로 표시하고 있다.

### 3) 산술 논리 연산 장치(ALU)

산술 논리 연산 장치(ALU: Arithmetic Logic Unit)를 만들기 위하여 논리 연산 회로와 산술 연산 회로를 결합한다. 1비트 산술 논리 연산 장치(ALU)의 구성을 그림 2.7에 보여주고 있다. 산술 연산 회로와 논리 연산 회로의 출력은 $S_2$로 제어하는 2 × 1 멀티플렉서의 입력으로 들어간다. 여기서 제어 입력 $S_2$를 두 연산 기능을 구분하는 데 사용한다면, 제어 입력 $S_1$, $S_0$는 산술과 논리 두 연산 회로에 공통으로 사용된다. $S_2$ = 0일 때 산술 연산 회로의 출력이 선택되고, $S_2$ = 1일 때 논리 연산 회로의 출력이 선택된다. 그림 2.7과 같이 1 비트 연산 장치를 이용하여 $n$ 비트 데이터를 연산 시에는 $n$번 반복해야 한다. i - 1 번째 산술 단계의 출력 자리 올림수 $C_i$이 순서대로 다음 단계인 i 번째 산술 단계의 입력 자리 올림수 $C_i$에 연결되어야 하며, 마찬가지로 i 번째 산술 단계의 출력 자리 올림수 $C_{i+1}$은 다음의 i + 1 번째 단계의 입력 자리 올림수 $C_{i+1}$에 연결되어야 한다. 단 첫째 단계의 입력 자리 올림수는 산술 연산 동작에서 기능에 따른 제어 입력의 역할을 하기도 한다.

그림 2.7의 ALU는 8가지의 산술 연산 동작과 4개의 논리 연산 동작 기능을 가지고 있으며, 각각의 동작은 제어 입력 $S_2$, $S_1$, $S_0$와 $C_{in}$을 통하여 선택된다. 입력 자리 올림수 $C_{in}$은 산술 동작만을 선택하기 위하여 사용된다. 표 2.9는 그림 2.7 ALU의 12가지의 연산 기능을 정의하고 있으며, 이중 위의 8개는 산술 연산 동작으로 제어 입력 $S_2$ = 0을 가지고 선택된다. 아래의 4개는 논리 연산 동작이고 제어 입력 $S_2$ = 1일 때 선택된다. 입력 자리 올림수 $C_{in}$은 논리 동작을 하는 동안에는 사용되지 않으며, 편의상 '0'으로 표시한다.

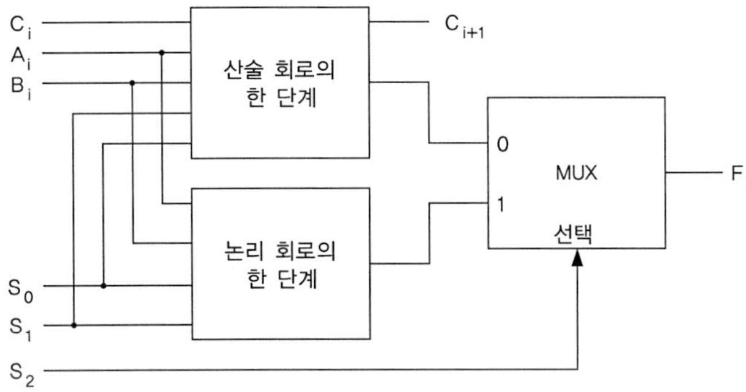


| 그림 2.7 | 1비트 산술 논리 장치(ALU)

| 표 2.9 | 산술 논리 장치(ALU)에 대한 함수표

| 동작 선택 | | | | | |
|---|---|---|---|---|---|
| $S_2$ | $S_1$ | $S_0$ | $C_{in}$ | 동작 | 기능 |
| 0 | 0 | 0 | 0 | F = A | A 전송 |
| 0 | 0 | 0 | 1 | F = A + 1 | A 증가 |
| 0 | 0 | 1 | 0 | F = A + B | 덧셈 |
| 0 | 0 | 1 | 1 | F = A + B + 1 | 자리올림 포함 덧셈 |
| 0 | 1 | 0 | 0 | F = A + B | A 더하기 B의 1의 보수 |
| 0 | 1 | 0 | 1 | F = A + B + 1 | 뺄셈 |
| 0 | 1 | 1 | 0 | F = A − 1 | A 감소 |
| 0 | 1 | 1 | 1 | F = A | A 전송 |
| 1 | 0 | 0 | 0 | F = A ∩ B | AND |
| 1 | 0 | 1 | 0 | F = A ∪ B | OR |
| 1 | 1 | 0 | 0 | F = A + | XOR |
| 1 | 1 | 1 | 0 | F = A | A 보수화 |

## 2.5 카운터

디지털 시스템에는 시간에 따라 변하지 않는 조합 논리 회로보다는 시간의 변화에 따라 변하는 순차 논리 회로의 역할이 중요하다. 그리고 시간에 따라 입력을 받고 출력을 내보내려면 일정하게 흘러가는 시간이라는 기준이 필요하고 이것을 트랜지스터를 이용한 2진수의 디지털 시스템에서 표현할 수 있어야 한다. 이것을 가능하게 하는 것이 클럭과 클럭을 기본으로 이용한 카운터이다. 클럭(clock)이란 High인 '1'과 Low인 '0'의 두 가지 상태를 갖는 일정한 크기의 반복적인 펄스(pulse)의 조합을 말한다. 또한, 카운터(counter) 즉, 계수기는 단어의 뜻처럼 '숫자를 세는 회로'이고 디지털 시스템에서는 입력되는 클럭의 수를 계산하는 회로이다. 카운터는 클럭의 수를 셈으로써 시간에 따라 일정하게 증가하거나 감소하는 숫자를 체크할 수 있으며, 일정한 간격으로 증가 또는 감소하는 값을 갖기 때문에 시간을 표현할 수 있다. 그리고 카운터를 이용하면 정해진 시간이나 일정한 간격의 시간으로 입력을 넣거나 출력을 내보내는 회로를 만들 수가 있다.

이처럼 클럭을 갖는 회로를 순차 회로(sequential logic)라고 하며, 귀환(feedback) 경로를 갖는 회로와 플립플롭으로 구성할 수 있다. 여기서 순차 논리 회로는 기억소자인 래치(latch)와 플립플롭(flip-flop)이 조합 회로와 결합하여 기억 기능을 가지고 시간에 따라 변하는 데이터를 기억할 수 있는 회로이다. 귀환 경로란 회로자신의 출력과 입력이 서로 연결된 경로를 말한다. 그리고 순차회로에 플립플롭이 사용되는 것은 귀환 경로를 가지기 때문이다. 따라서 플립플롭만을 갖는 회로는 조합 게이트가 없더라도 순차 회로로 간주된다. 플립플롭이 포함된 회로는 대부분 순차 회로라는 명칭보다 수행하는 기능에 따라 분류되어 지고, 이를 분류하면 레지스터와 카운터이다.

레지스터(register)는 여러 개의 플립플롭으로 만들어지며 각 플립플롭은 한 비트의 정보를 저장할 수 있다. *n* 비트의 레지스터는 *n*개의 플립플롭을 사용하여 *n*개의 2진 정보를 저장할 수 있다. 플립플롭이나 레지스터는 특정한 데이터 처리 작업을 수행하는 조합 회로 가질 수도 있다. 카운터 회로는 클럭 펄스가 가해지면 미리 정해진 상태의 순서를 진행하는 레지스터라고 할 수 있다. 즉 카운터는 미리 정해진 2진 상태의 순서를 만들어 내도록 플립플롭을 연결한 회로이다. 카운터는 일종의 레지스터이지만, 그 기능의 명칭을 부여하여 레지스터와 구별하는 것이 보통이다. 그리고 기능에 따라 높은 숫자로 세는 상향 카운터(up counter)와 낮은 숫자로 세는 하향 카운터(down counter) 등이 그 예이다. 레지스터와 카운터는 디지털 시스템 설계에 많이 사용되며 레지스터는 2진 정보를 기억하고 저장하는 기능으로, 카운터는 순서에 의해 타이밍 신호를 생성하고 디지털 시스템의 동작을 제어하는 회로에 사용된다.

### 1) 이진 카운터

입력 펄스에 따라 미리 정해진 순서대로 출력의 변화가 진행되는 레지스터를 카운터라고 한다. 카운터는 어떤 사건이 발생 횟수를 세거나, 동작 순서를 제어하는 타이밍 신호를 만드는 데 사용된다. 입력 펄스는 클럭 펄스를 사용하거나 외부로부터 얻을 수도 있다. 입력 펄스의 시간 간격은 일정할 수도 있고 임의적(random)일 수도 있다. 카운터의 여러 기능 중에서 이진값이 증가하는(000 → 001 → 010 → …) 기능이 가장 간단하다. 이러한 카운터를 상향 카운터라 하고 반대로 내림 이진 순서로 세는 카운터는 하향 카운터라 한다. 모두 이진수의 순서를 따르기 때문에 2진 카운터라고 한다. *n*개의 플립플롭을 가진 *n* 비트 2진 카운터는 0에서 $(2^n - 1)$까지 카운트할 수 있다.

카운터의 설계는 플립플롭을 사용하지만 이진 카운터의 상태 변화를 잘 살펴보면 더 간단한 구현 방법을 유도할 수도 있다. 2진수의 출력 상태 변화의 특징으로, 최하위 비트는 매 카운트마다 변하여 반전되고 나머지 비트들은 그보다 아래의 모든 비트가 '1'이 된 다음의 카운트에서 그 값이 변한다는 것을 알 수 있다. 예를 들어 '$0111_2$' ($=7_{10}$)에서 '$1000_2$' ($=8_{10}$)로 가는 2진 카운트는 아래의 모든 비트가 '1'이 되기 때문에 4번째 자리가 '0'에서 '1'로 변하면서 아랫자리들은 차례로 반전된다.

카운터에는 크게 두 가지 종류가 있는데 하나는 리플(ripple) 카운터이고 또 하나는 동기식(synchronous) 카운터이다. 리플 카운터는 어느 하나의 플립플롭 출력 변화(transition)가 다른 플립플롭을 트리거(trigger)시키기 위한 입력으로 제공된다. 이는 여러 개 또는 전체의 플립플롭이 클럭을 공통 입력으로 사용하는 것이 아니라, 다른 플립플롭의 출력에 의하여 일어나는 변이에 의해서 트리거되어 진다. 반대로 동기형 카운터에서 모든 플립플롭이 입력으로 클럭 펄스를 공통으로 받아들이고 동시에 트리거 된다. 각 플립플롭의 출력값을 유지할 것인가 반전할 것인가는 카운터의 현재 상태, 즉 현재의 출력값에 의해 결정된다.

2진 카운터의 동작을 이해하기 위하여 표 2.10에 상향과 하향 카운트 순서를 나타내었다. 2진수 0부터 카운트가 시작되어 각 카운트 펄스 입력에 따라 1씩 증가한다. 카운트가 15가 된 후에 카운터는 다시 카운트를 반복하기 위해 0으로 되돌아가는 방식으로 카운트가 리셋되어 진다.

| 표 2.10 | 2진 카운터의 카운트 순서

| 상향 카운트 순서 | | | | 하향 카운트 순서 | | | |
|---|---|---|---|---|---|---|---|
| $A_3$ | $A_2$ | $A_1$ | $A_0$ | $A_3$ | $A_2$ | $A_1$ | $A_0$ |
| 0 | 0 | 0 | 0 | 1 | 1 | 1 | 1 |
| 0 | 0 | 0 | 1 | 1 | 1 | 1 | 0 |
| 0 | 0 | 1 | 0 | 1 | 1 | 0 | 1 |
| 0 | 0 | 1 | 1 | 1 | 1 | 0 | 0 |
| 0 | 1 | 0 | 0 | 1 | 0 | 1 | 1 |
| 0 | 1 | 0 | 1 | 1 | 0 | 1 | 0 |
| 0 | 1 | 1 | 0 | 1 | 0 | 0 | 1 |
| 0 | 1 | 1 | 1 | 1 | 0 | 0 | 0 |
| 1 | 0 | 0 | 0 | 0 | 1 | 1 | 1 |
| 1 | 0 | 0 | 1 | 0 | 1 | 1 | 0 |
| 1 | 0 | 1 | 0 | 0 | 1 | 0 | 1 |
| 1 | 0 | 1 | 1 | 0 | 1 | 0 | 0 |
| 1 | 1 | 0 | 0 | 0 | 0 | 1 | 1 |
| 1 | 1 | 0 | 1 | 0 | 0 | 1 | 0 |
| 1 | 1 | 1 | 0 | 0 | 0 | 0 | 1 |
| 1 | 1 | 1 | 1 | 0 | 0 | 0 | 0 |

CHAPTER

# 3

# 기억 회로

계산의 과정에 있어서 계산하는 수와 계산하는 중간의 결과 등을 기억하여 두고 또 다른 연산을 해야 할 필요가 있다. 컴퓨터를 사용하여 여러 가지 일을 수행하기 위해서는 수많은 기억장치가 필요하다. 예를 들어 자동차를 제어하기 위해서는 자동차의 속도, 엔진 회전수, 배기가스의 성분 농도, 온도 등을 관찰하여 기억하고, 이를 계산하여 최적의 휘발유 혼합비 등을 구할 수 있을 것이다. 이와 같이 컴퓨터에서는 많은 숫자나 기호화된 문자를 기억하는 것이 필요하다.

조합 회로는 임의의 시간에서의 회로의 출력값은 현재의 입력에 의해서만 결정된다. 즉 조합 회로는 회로 자체에 메모리 기능이 없기 때문에, 현재 시간 이전의 입력은 출력에 영향을 미치지 못한다. 예를 들면, AND 게이트의 출력은 모든 입력이 1일 경우에만 1이 출력되며, 이전의 입력이나 출력에 영향을 받지 않는다. 그러나 대부분의 시스템은 현재 입력값 뿐만 아니라 이전의 입력으로 인한 회로의 현재 상태값에 따라 내부적인 연산을 거쳐 출력값을 나타낸다. 이를 위해서는 내부 조합 회로의 출력값을 회로의 기억 장치에 현재 상태로 저장한 후, 조합 회로로 다시 입력하여 다음 입력의 인가 시 회로의 출력값을 결정하도록 한다. 출력의 외부 입력값과 메모리 소자에 저장된 정보에 따라 출력이 결정되는 회로를 순차 회로라 한다.

## 3.1 래치와 플립플롭

디지털 회로는 조합 회로와 순차 회로로 구분할 수 있다. 조합 회로는 단순히 현재의 입력에 의해서만 출력이 결정되는 회로로 기억 능력이 없는 반면에 순차 회로는 현재의 입력뿐만 아니라 회로 내부에 기억된 상태값에 따라 출력값이 결정되는 회로를 말한다. 따라서 순차 회로는 회로 내부에 값들을 기억하기 위한 메모리 소자들을 가지게 된다. 일반적으로 많이 사용되는 메모리 소자로는 플립플롭(flip-flop)이라고 하는 소자가 있다. 플립플롭은 1비트의 정보(0 또는 1)를 저장할 수 있는 소자이며, 논리 게이트들을 연결하는 방법에 따라 다음에 설명하는 바와 같이 다양하게 구성할 수 있다.

### 1) 래치(latch)

래치(latch)는 기본적인 플립플롭(flip-flop)을 말하며, 그림 3.1과 같이 NOR 게이트를 사용하여 구성할 수도 있고, 그림 3.2와 같이 NAND 게이트를 사용하여 구성할 수도 있다. 그림 3.1에 나타난 래치 회로의 동작은 다음과 같다. 그림 3.1(a)는 NOR 게이트 2개를 사용하여 구성한 래치 회로로서, 입력 S, R과 출력 Q, $\overline{Q}$를 가지고 있다. 그림 3.1(b)는 입력 S와 R의 변화에 따른 출력 Q와 $\overline{Q}$의 변화 관계를 시간축 상에 나타낸 타이밍도(timing diagram)이다. 래치 회로는 초기(시간 $t_0$)에 입력 S = 0, R = 0, 출력 Q = 0, $\overline{Q}$ = 1의 값을 가지고 있으며, NOR 게이트의 전달지연시간은 Δt라고 가정한다. 만일 $t_1$ 시간에 S를 0에서 1로 변화시키면 Δt 시간 후에 $\overline{Q}$는 1에서 0으로 변하고, 이 변한 값은 위쪽 NOR 게이트에 영향을 미치게 되어 다시 또 Δt 시간 후에 Q가 1로 변하게 된다. 이때 1로 변한 Q 값은 아래쪽 NOR 게이트의 입력으로 다시 인가되지만 이미 아래쪽 NOR 게이트의 한쪽 입력 S에 1이 인가되고 있기 때문에 아래쪽 NOR 게이트의 출력 $\overline{Q}$의 값은 더 이상 바뀌지 않고 0으로 남아있게 되어 이 상태로 회로가 안정(S = 1, R = 0, Q = 1, $\overline{Q}$ = 0)된다. 이와 같은 상황에서 다시 $t_2$ 시간에 S를 1에서 0으로 바꾸어도 아래쪽 NOR 게이트의 출력 $\overline{Q}$는 Q = 1 값에 의해 0이 되므로 출력 $\overline{Q}$는 변하지 않으며, 따라서 S = 0, R = 0, Q = 1, $\overline{Q}$ = 0인 상태가 된다.

이번에는 $t_3$ 시간에 입력 R의 값을 0에서 1로 변화시켜 보자. R = 1이 되면 Δt 시간 후에 Q는 1에서 0으로 되고, 다시 Δt 시간 후에 $\overline{Q}$가 0에서 1로 바뀌게 된다. 1로 바뀐 $\overline{Q}$ 값은 위쪽 NOR 게이트의 입력으로 전달되지만 이미 R=1이 입력되고 있기 때문에 Q 값은 1로 바뀐 $\overline{Q}$ 값에 의한 영향을 받지 않게 된다. 따라서 전체적으로 S = 0, R = 1, Q = 0, $\overline{Q}$ = 1인 상태로 안정된다. 이와 같은 상태에서 $t_4$ 시간에 다시 R을 0으로 바꾸어도 $\overline{Q}$ = 1임으로 위쪽 NOR 게이트의 출력 Q의 값은 바뀌지 않게 되어 S = 0, R = 0, Q = 0, $\overline{Q}$ = 1이 된다.

앞에서 배웠던 조합 회로들과는 달리 순차 회로인 래치 회로는 입력 S, R에 각각 0, 0이 인가되면 출력 Q, $\overline{Q}$의 값은 입력 S = 0, R = 0이 인가되기 전에 가지고 있던 값을 그대로 유지한다. 이것은 래치 회로가 일종의 기억소자로서의 기능을 수행한다고 볼 수 있다. 또한 S = 0, R = 1 즉 R(reset)에 1을 입력하면 출력 Q = 0이 되고, S = 1, R = 0 즉 S(set)에 1을 입력하면 출력 Q = 1이 됨을 알 수 있으며, $\overline{Q}$의 값은 항상 Q의 반대값을 가짐을 알 수 있다. 이제 마지막으로 래치 회로의 입력으로 S = 1, R = 1을 인가하면 출력은 어떻게 될까? 이 경우 출력 Q와 $\overline{Q}$는 Q = $\overline{Q}$ = 0이 되어 버린다. 또한 S = 1, R = 1, Q = 0, $\overline{Q}$ = 0인 상태에서 S = 0, R = 0으로 변화시키면 출력 Q와 $\overline{Q}$는 11과 00 상태를 무한히 반복하는 불안정한 상태가 되어 버린다. 따라서 래치 회로는 입력 S = 1, R = 1을 인가하지 않는다는 조건하에 사용하여야 한다. 즉, 출력이 동일하게 얻어지는 것은 우리가 최초에 상정했던 Q와 $\overline{Q}$가 서로 상반되는 값을 가져야 한다는 조건이 맞지 않으므로 이러한 입력은 사용이 불가하다.

그림 3.1(c)에는 래치 회로에 대한 블록 형태의 기호를 나타내었고, 그림 3.1 (d)에는 래치 회로의 동작에 대한 진리표를 나타내었다.

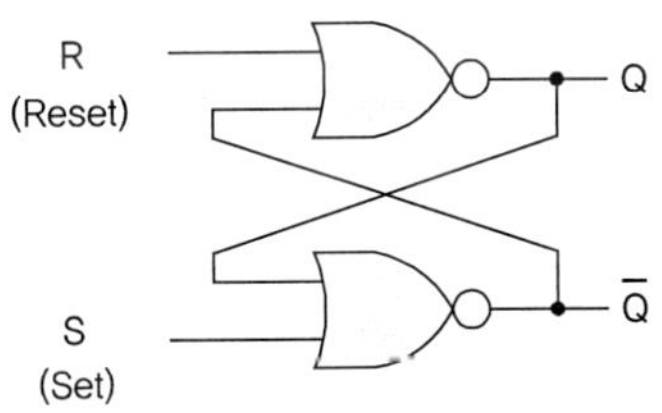


(a) 회로도

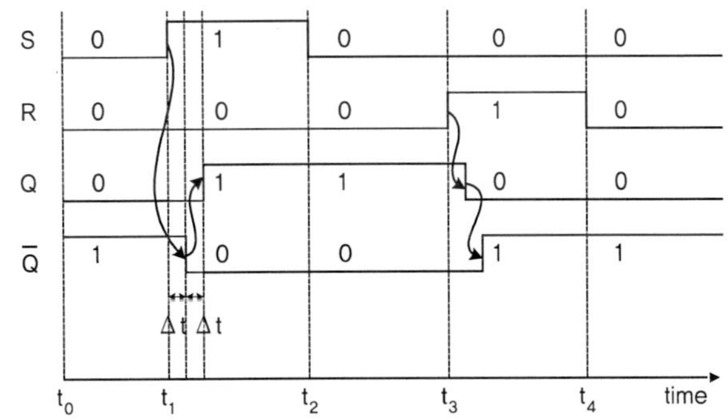


(b) 타이밍도

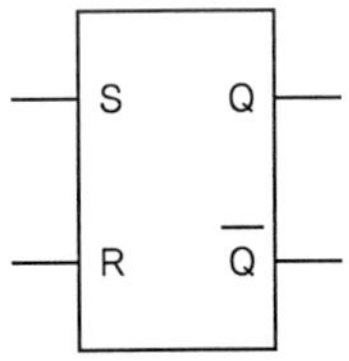


(c) 기호

| 입력 | | 출력 |
|---|---|---|
| S | R | Q |
| 0 | 0 | Q (변화없음) |
| 0 | 1 | 0 |
| 1 | 0 | 1 |
| 1 | 1 | 사용금지 |

(d) 진리표

| 그림 3.1 | NOR 게이트로 구성된 래치 회로 및 타이밍도

그림 3.2의 NAND 게이트로 구성된 래치 회로에 대한 동작을 분석하는 것은 그림 3.1의 NOR 게이트로 구성된 래치 회로의 동작 분석 과정과 유사하다. 먼저 회로에서 초기 상태가 S = 1, R = 1, Q = 0, $\overline{Q}$ = 1을 가정한다. 그림 3.2의 타이밍도에서와 같이 $t_1$ 시간에 S를 0으로 변화시키면 출력 Q = 1, $\overline{Q}$ = 0이 된다. 다시 $t_2$ 시간에 S를 1로 입력해도 출력 Q = 1, $\overline{Q}$ = 0으로 변함이 없다. 이번에는 $t_3$ 시간에 R을 0으로 변화시키면 Q = 1, $\overline{Q}$ = 0 상태였던 Q, $\overline{Q}$ 값이 Q = 0, $\overline{Q}$ = 1로 바뀌게 되며, 다시 $t_4$ 시간에 R을 1로 되돌려도 출력은 변하지 않게 된다. NAND 게이트로

구성된 래치 회로에서는 입력 S와 R이 active-low 신호로 동작하여, S = 1, R = 1일 때는 회로의 출력 Q가 변하지 않으며, S를 0으로 하면 세트(set) 기능이 수행되어 출력 Q = 1, $\bar{Q}$ = 0이 되고, R을 0으로 할 경우에는 리셋(reset) 기능이 수행되어 출력 Q = 0, $\bar{Q}$ = 1이 된다. NAND 게이트로 구성된 래치 회로에서는 입력 S와 R을 동시에 0으로 인가하지 않는다는 가정이 있어야 한다.

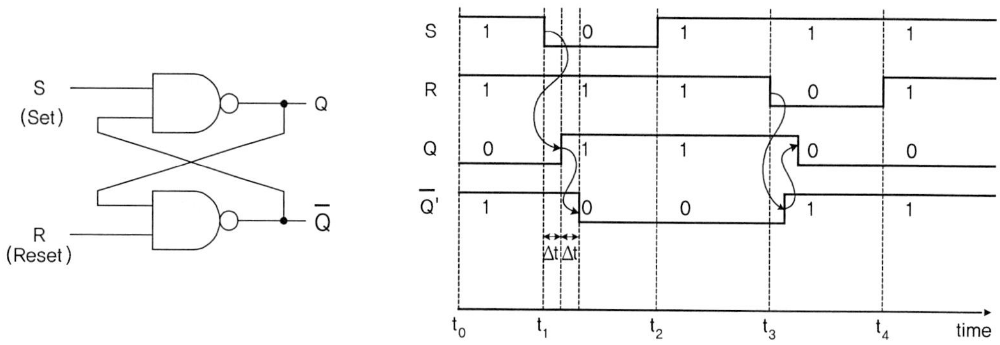

(a) 회로도 (b) 타이밍도

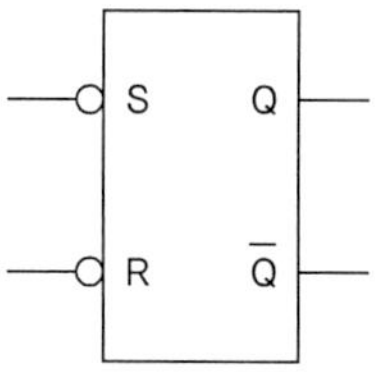

(c) 기호

| 입력 | | 출력 |
|---|---|---|
| S | R | Q |
| 0 | 0 | 사용금지 |
| 0 | 1 | 1 |
| 1 | 0 | 0 |
| 1 | 1 | Q (변화없음) |

(d) 진리표

| 그림 3.2 | NAND 게이트로 구성된 래치 회로 및 타이밍도

## 2) 플립플롭

플립플롭을 설명하기 위해서는 순차 회로에서 많이 사용되는 몇 가지 용어를 먼저 알 필요가 있다. 먼저 클럭 신호는 일반적으로 그림 3.3에 나타낸 것과 같이 시간에 따라 0과 1값을 주기적으로 반복하여 갖는 신호를 말한다. 또한 그림 3.3에서 클럭 신호값이 0에서 1로 변하는 부분을 상승 모서리라고 하고 영어로는 "positive-going edge" 또는 "rising edge"라고 말하고, 1에서 0으로 변하는 부분을 하강 모서리라 하고 영어로는 "negative-going edge" 또는 "falling edge"라고 말한다. 일반적으로 클럭 신호는 회로도에서 영어 약자로 CLK, CK 또는 CP라고 표기한다.

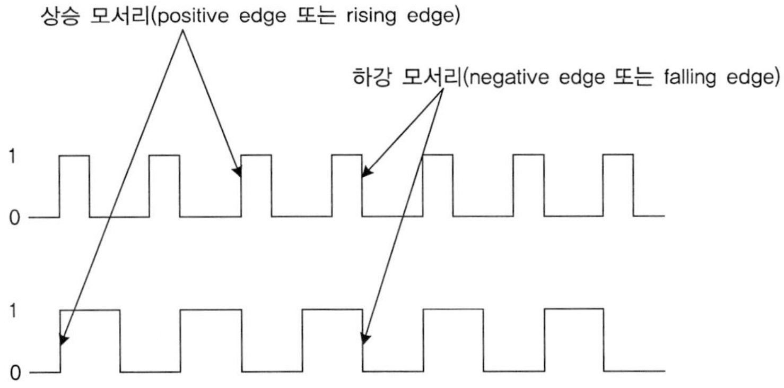


| 그림 3.3 | 클럭 신호

플립플롭은 그림 3.4에 나타낸 것과 같이 제어 신호와 클럭 신호를 입력으로 갖는 기억소자로 SR, JK, D, T 플립플롭 등 다양한 종류가 있다. 플립플롭은 래치와는 달리 클럭의 상승 또는 하강 모서리에 동기되어 출력 Q와 $\overline{Q}$ 값이 변하게 된다. 이 의미는 플립플롭에 입력되는 제어 신호가 변하더라도 클럭이 0에서 1로 변하거나(상승 모서리) 또는 1에서 0으로 변하기(하강 모서리) 전에는 출력 Q의 값이 변하지 않는다는 뜻이다. 다시 말해 플립플롭은 클럭이 0에서 1로 변하거나 또는 1에서 0으로 변하는 시점에 맞추어 출력값이 변하게 되며, 이때 출력값은 클럭이 변하는 시점에 입력되고 있던 제어 신호의 값에 따라 결정된다. 결국 클럭 신호는 플립플롭의 출력이 변화되는 시점을 결정하는 역할을 하며, 제어 신호는 플립플롭의 출력값을 결정하는 역할을 수행한다고도 볼 수 있다. 만일 플립플롭이 클럭의 상승 모서리(0에서 1로 변하는 시점)에 맞추어(동기되어) 출력값이 변하도록 만들어졌다면 이 플립플롭은 상승 모서리 트리거 방식 플립플롭(positive-edge triggered flip-flop)이라고 말한다. 반대로 클럭의 하강 모서리(1에서 0으로 변하는 시점)에 맞추어 출력값이 변하도록 만들어졌다면 이 플립플롭은 하강 모서리 트리거 방식 플립플롭(negative-edge triggered flip-flop)이라고 말한다. 상승 모서리 트리거 방식 플립플롭과 하강 모서리 트리거 방식 플립플롭은 출력값이 변하는 시점만 다를 뿐 출력의 논리값을 결정하는 방법은 동일하므로 앞으로 플립플롭을 설명할 때는 편의상 주로 상승 모서리 트리거 방

식 플립플롭을 기준으로 설명한다.

일반적으로 플립플롭은 래치에서와 마찬가지로 출력 Q의 값을 플립플롭의 상태값으로 본다. 예를 들어 그림 3.4의 플립플롭이 1인 상태에 있다고 하면 이는 Q = 1인 경우를 말하며, 플립플롭의 현재 상태가 0인데 다음 상태를 1로 만든다고 말하면, 이는 현재 Q 값이 0인데 클럭이 인가되고 나면 Q의 값이 1로 되도록 만든다는 이야기이다.

플립플롭의 클럭 입력단자는 그림 3.4에서와 같이 일반적으로 작은 삼각형을 그려서 나타낸다. 또한 상승 모서리 트리거 방식과 하강 모서리 트리거 방식을 구분하기 위해 삼각형 앞에 작은 원을 사용하며, 작은 원이 있으면 하강 모서리 트리거 방식의 플립플롭임을 나타낸다. 회로도를 그릴 때 자주 사용되는 작은 원은 negate라고 하며 크게 3가지 용도로 구분할 수 있다. 즉 NOT 게이트 대신 편의상 간단히 작은 원을 사용하는 경우도 있고, 신호가 active-low 신호임을 나타내기 위해 사용될 때도 있고, 플립플롭의 클럭단자 앞에 사용되어 하강 모서리 트리거 방식 플립플롭임을 나타내기도 한다.

(a) Positive edge triggered F/F (b) Negative edge triggered F/F

| 그림 3.4 | 일반적인 플립플롭 기호

### 3) 플립플롭 타이밍 파라미터

플립플롭을 이용하여 원하는 디지털 회로를 구현(implementation)하고자 할 때 고려되어야 하는 다양한 타이밍 관련 파라미터(timing parameter)들이 있다. 이러한 타이밍 관련 파라미터들의 값들은 IC 칩 제조업자들이 제공하는 데이터 시트(data sheet)에 상세히 기술되어 있다. 여기서는 주요 타이밍 관련 파라미터들의 종류 및 의미를 알아본다.

#### ① 셋업 타임(setup time)과 홀드 타임(hold time)

플립플롭들은 클럭의 상승(또는 하강) 모서리 시점에 맞추어 출력값이 변화된다. 그런데 만일 클럭의 상승 모서리 시점과 동일한 시간에 플립플롭의 동기식 입력 신호(JK 플립플롭의 경우 J와 K, D 플립플롭의 경우 D 입력 등)값이 변하면 출력값은 어떻게 될 것인가? 이 경우 플립플롭은 불안정하게 되어 출력값이 어떻게 될지 알 수 없게 된다. 따라서 클럭의 상승 모서리 시점에서는 플립플롭의 동기식 입력 신호값이 변화되어서는 안 되며, 실제로 모든 플립플롭들은 상승 모서리 시점 직전과 직후의 일정시간 동안 플립플롭의 동기식 입력 신호값이 변화되어서는 안 되는 제한된 시간 구간이 있다. 이와 같은 제한된 시간 구간을 셋업 타임(setup time)과 홀드 타임(hold time)이라고 하며, 이를 그림 3.5에 나타내었다. 그림에서 셋업 타임 $t_s$는 클럭의 상승 모서리 시점 이전에 동기식 입력 신호가 변하지 않아야 되는 최소 시간 간격을 말하며, 홀드 타임 $t_h$는 클럭의 상승 모서리 시점 이후에 동기식 입력 신호가 변하지 않아야 되는 최소 시간 간격을 말한다. 일반적으로 IC 칩으로 만들어져 있는 플립플롭들의 셋업 타임은 대략 5 ~ 50ns 정도이고, 홀드 타임은 0 ~ 10ns 정도이다. 참고로 그림 3.5에서 파형이 0에서 1로 변하거나 1에서 0으로 변할 때 경사지게 나타낸 이유는, 전압이 0V에서 5V로 또는 5V에서 0V로 순간적으로 변할 수 없으며, 값이 변하는 데 약간의 시간이 걸리기 때문에 좀 더 실제적으로 변화하는 모양을 나타내기 위해서이다.

**② 전달지연시간(propagation delay)**

일반적으로 어떤 회로의 전달지연시간이라고 하면 이는 회로에 입력이 가해진 시점부터 가해진 입력에 대한 출력이 나올 때까지 걸리는 시간을 말한다. 그런데 이 지연시간은 입력에 대한 출력이 0에서 1로 변하느냐 또는 1에서 0으로 변하느냐에 따라 달라진다.

플립플롭은 클럭에 반응하여 출력이 변화되기 때문에 클럭에 대한 전달지연시간은 그림 3.5에 나타낸 것과 같이 $t_{pLH}$와 $t_{pHL}$의 2종류가 있다. $t_{pLH}$는 클럭의 상승 모서리 시점부터 출력이 0(LOW)에서 1(HIGH)로 변하는 시점까지의 시간을 말하고, $t_{pHL}$는 클럭의 상승 모서리 시점부터 출력이 1(HIGH)에서 0(LOW)으로 변하는 시점까지의 시간을 말한다.

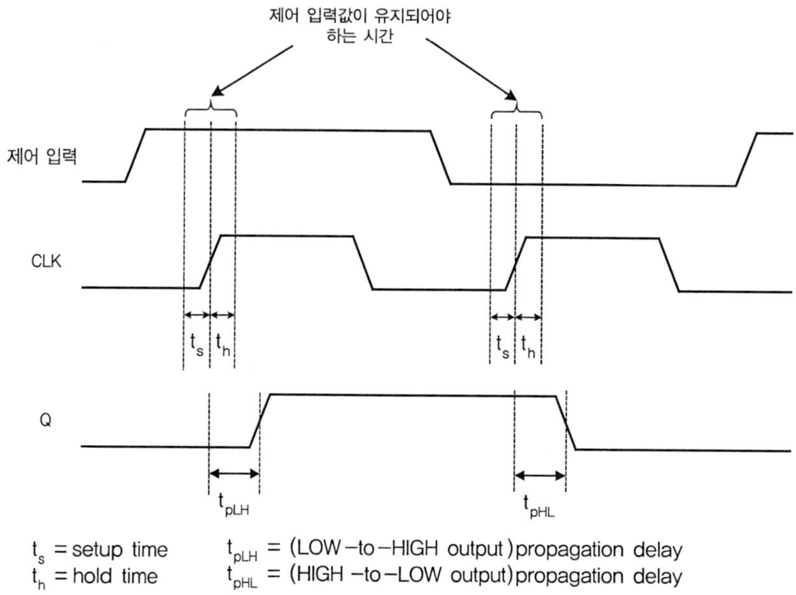


| 그림 3.5 | 셋업 타임, 홀드 타임, 전달지연시간

### ③ 최대 클럭 주파수(maximum clock frequency)

최대 클럭 주파수는 플립플롭의 CLK 단자에 인가되었을 때 플립플롭이 정상적으로 작동할 수 있는 최대 주파수를 말한다. 그림 3.6과 같이 첫번째 D 플립플롭의 출력 $Q_1$이 두번째 D 플립플롭의 입력 $D_2$로 연결되어 있는 회로의 타이밍 관계를 고려해 보자. 먼저 그림에서 음영으로 표시된 부분은 두번째 플립플롭의 셋업 타임($t_s$)과 홀드 타임($t_h$) 구간을 나타내며 따라서 이 구간에서 두번째 플립플롭의 입력 $D_2$의 값(=첫번째 플립플롭의 출력 $Q_1$의 값)이 변화되면 안 된다.

그런데 첫번째 플립플롭의 출력 $Q_1$은 클럭 CLK의 상승 모서리 시점에서부터 전달지연시간($t_{pHL}$) 후에 값이 변하게 되므로, 만일 $t_{pHL} > t_h$인 경우에는 그림 3.6(b)의 타이밍도에서와 같이 별다른 문제가 없으나 $t_{pHL} < t_h$인 경우에는 회로가 불안정하게 된다. 그러나 다행스럽게도 대부분의 모서리 트리거 방식 플립플롭들의 홀드 타임은 대략 5ns 이하로 전달지연시간보다 작다. 더구나 최근에 제작되고 있는 플립플롭들은 홀드 타임이 0ns인 경우도 많다. 따라서 특별한 언급이 없는 한 플립플롭들을 이용한 회로를 해석할 때에는 홀드 타임이 충분히 작다고 가정하고, 클럭의 상승 모서리 시점 직전의 플립플롭 입력값에 따라 출력값을 계산해 주면 된다. 이에 대한 예로 그림 3.6(c)의 타이밍도에 입력 D에 대

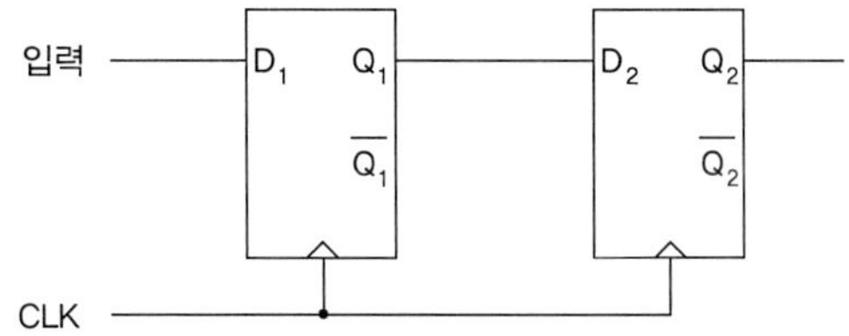


(a) 회로도

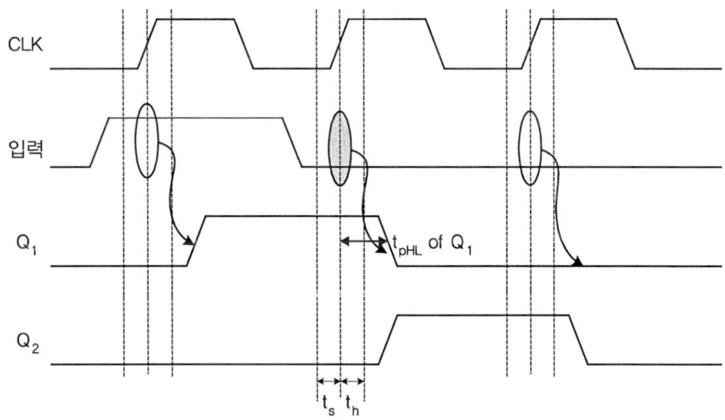


(b) 타이밍도 I ($t_{pHL}$ > $t_h$)

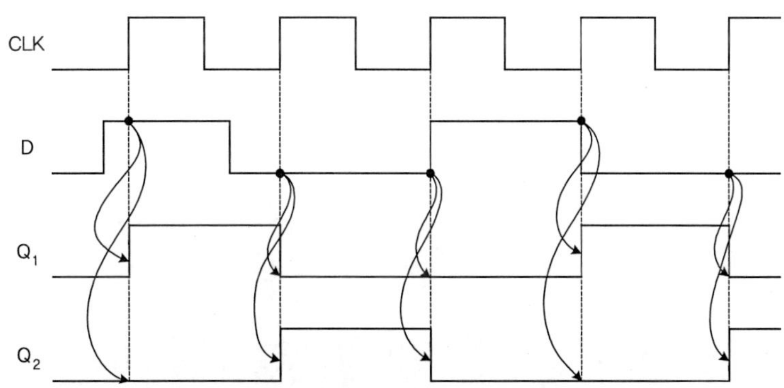


(c) 타이밍도 II ($t_{pHL}$ > $t_h$, $t_{pHL}$ ≒ 0)

| 그림 3.6 | 회로의 타이밍 문제

한 $Q_1$과 계산해 주면 된다. 이에 대한 예로 그림 3.6(c)의 타이밍도에 입력 D에 대한 $Q_1$과 $Q_2$ 값의 변화를 직각 형태의 파형으로 나타내었으며, 이 타이밍도에서는 플립플롭의 전달지연시간도 0이라고 가정하였다. 실제로 타이밍도를 간단히 그리기 위해서 이와 같이 플립플롭의 전달지연시간을 무시하는 경우가 많다.

## 3.2 쉬프트 레지스터

플립플롭이나 래치는 가장 기본적인 기억소자이다. 이중 계산기 내에서 수치나 명령 등의 정보를 일시적으로 기억하는 용도로 사용되며 여러 비트를 저장할 수 있는 플립플롭을 레지스터(register)라 한다. 레지스터의 기능은 정보를 저장할 뿐만 아니라 직렬 입력을 병렬로, 병렬 입력을 직렬로 출력하는 기능에도 사용되고, 저장된 정보를 클럭에 따라 좌, 우로 이동시키는 쉬프트 레지스터로도 사용할 수 있다. 쉬프트 레지스터는 계산기 내에서 사용되는 가장 간단한 기억 장치이다. 입력되는 정보를 클럭에 따라 이전 레지스터의 출력을 다음 레지스터의 입력으로 전달함으로써 레지스터의 길이만큼을 저장할 수 있게 된다. 이때 정보의 저장시간은 클럭의 입력 시간과 레지스터의 크기에 따라 결정된다.

일반적인 쉬프트 레지스터의 구조는 그림 3.7에 나와 있다. 레지스터의 왼쪽으로 정보가 입력되면 클럭에 따라 오른쪽에 위치한 레지스터로 이동된다. 이렇게 레지스터 수만큼 이동되면 출력으로 나오게 된다.

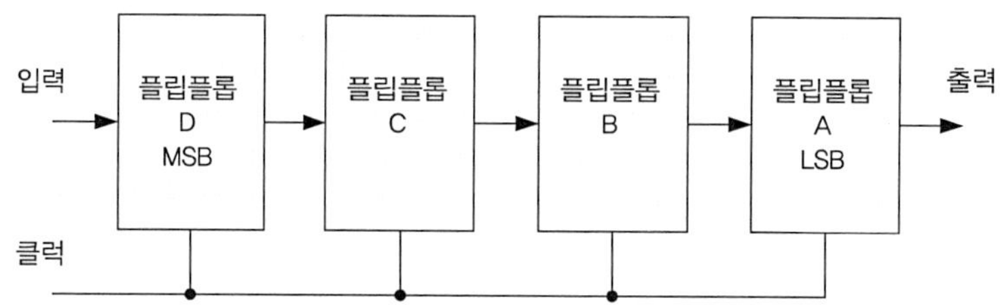


| 그림 3.7 | 4비트 우 쉬프트 레지스터

## 3.3 다이나믹 메모리

메모리란 데이터를 저장해 두고 필요할 때 읽을 수 있는 장치를 말한다. 메모리는 기억소자이므로 데이터를 저장할 수 있는 장치와 데이터를 저장소로 이동시키거나 저장되어 있는 데이터를 외부로 옮길 수 있는 장치가 필요하다. 데이터를 외부로 전달하는 장치를 주변 장치라 하고 데이터를 저장하는 장소를 메모리 셀(memory cell)이라 한다. 일반적으로 1비트 단위의 데이터를 저장할 수 있는 기억소자는 데이터의 유지 및 보존을 위한 장치를 가지고 있다. 또한 메모리 셀을 선택하는 신호선(word line)과 메모리 셀의 데이터가 입·출력하는 선(bit line)을 가지고 있다. 이 세 가지 장치를 가지기 위해서 2 ~ 4개의 MOS 트랜지스터를 이용하는 다양한 방법의 메모리가 제안되었다. 대표적인 메모리에는 다이나믹 메모리(dynamic memory)와 스태틱 메모리(static memory)가 있다. 이 두 메모리는 쉽게 데이터를 주기적으로 다시 써주느냐 아니면 한 번 쓰면 그 데이터가 계속 유지가 되는가에 따라 분류가 된다. 여러 가지 메모리 중에서 소자수, 배선수 및 소요되는 면적 등에서 우수한 1개의 MOS 트랜지스터와 커패시터로 구성된 다이나믹 메모리(DRAM)가 많이 사용되고 있다. 다이나믹 메모리의 가장 기본적인 구조는 데이터를 저장하는 커패시터와 데이터를 읽거나 쓸 때 외부와의 통로 역할을 하는 MOS 트랜지스터로 구성되어 있다.

다이나믹 메모리의 구조는 그림 3.8과 같이 저수조에 물을 담는 것으로 설명할 수 있다. 데이터를 물이라 할 수 있고 커패시터는 물을 담는 저수조, N-MOS 트랜시스터는 서수조의 수문이라 할 수 있다. 그리고 word line는 수문을 여는 장치이고, bit line은 저수조의 물이 드나드는 수로라 할 수 있다. 데이터가 1인지 0인지는 물이 있고 없음에 비교할 수 있다.

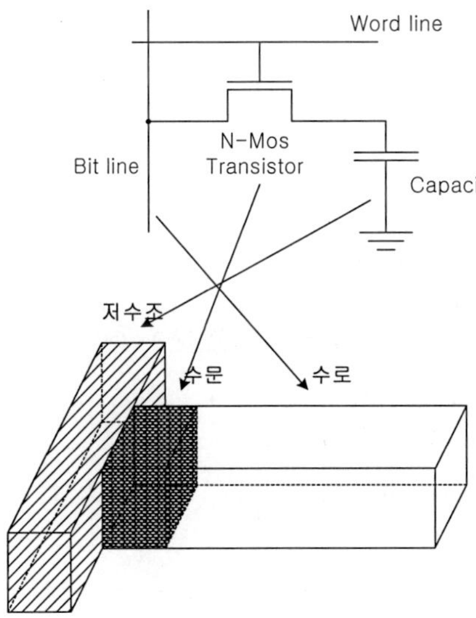


| 그림 3.8 | DRAM의 구조

우선 데이터를 저장하는 방법에 대해 설명한다. 저장 과정은 그림 3.9와 같다. 저수조에 물을 저장하기 위해서는 저수조에 들어가는 수문을 열어야 한다. 즉

수문의 개폐 장치를 선택하여 저수조의 수문을 여는 것이 가장 먼저 해야 할 일이다. 저수조의 수문이 열리면 수로에 물을 흘려보낸다. 수로를 통해 저수조에 물이 가득 차게 되면 수문을 닫는다. 이렇게 하면 1의 데이터가 저장된 것이다. 만약 저장할 데이터가 0이라면 수로에는 물이 흐르지 않을 것이고 수문이 닫혔을 때 저수조에는 물이 없을 것이다. 다음은 데이터를 읽는 방법이다. 데이터를 읽는 방법은 그림 3.10과 같다. 데이터를 읽을 때는 저장할 때와는 달리 수로에 절반 정도의 물이 있는 상태에서 수문을 여는 것이다. 수문을 열게 되면 저수조에 저장되어 있던 물이 수로를 통하여 흐르게 될 것이다. 만약 저수조에 물이 저장이 되어 있었다면 수로에 있는 물의 수위가 약간 상승할 것이고 저수조에 물이 없었다면 물의 수위가 내려갈 것이다. 이 변화를 감지하면 수로에 물이 저장이 되어있었는지를 알 수 있다.

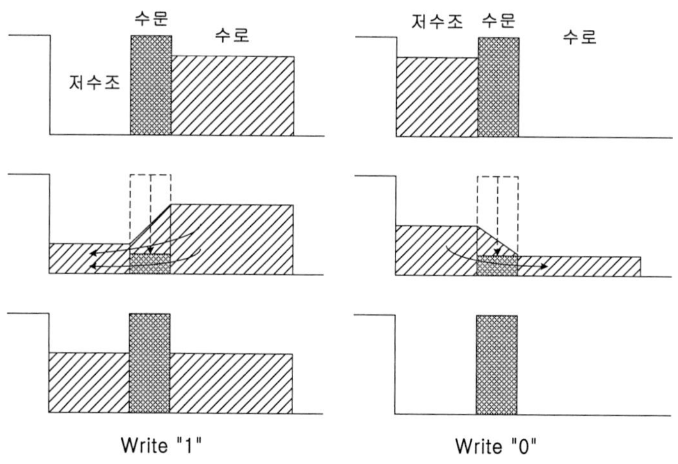


| 그림 3.9 | DRAM Memory의 Write 동작

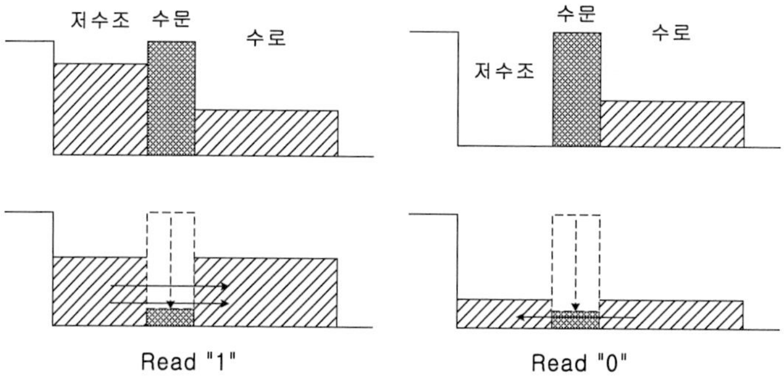


| 그림 3.10 | DRAM Memory의 Read 동작

다이나믹 메모리는 커패시터에 전압을 인가하면 전하가 충전되고, 충전된 전하는 방전 전류가 없는 한 전압을 끊어도 일정시간 동안 전하가 유지되는 성질을 이용한 것이다. 데이터의 저장소 역할을 하는 커패시터에 전하가 들어 있으면 데이터가 1이고 전하가 없으면 데이터가 0을 나타낸다. 다이나믹 메모리에서 데이터를 읽는 방법은 다음과 같이 커패시터 회로로 설명할 수 있다. 초기 1의 데이터가 저장되어 있었다면 셀 커패시터 $C_C$에 $V_{CC}$ 전압이 인가된 상태이다. bit line 커패시터 $C_B$에 $V_{CC}/2$의 전압이 인가되었다면 $C_C$의 전하량은 $C_CV_{CC}$이고, $C_B$의 전하량은 $C_BV_{CC}/2$이다. word line이 선택이 되면 MOS 트랜지스터가 ON 상태가 되고 $C_C$의 저장된 전하가 $C_B$로 유입되어 $C_B$의 전위가 상승한다. 만약 초기에 0의 데이터가 저장이 되어 있다면 $C_B$의 전하가 $C_C$로 유입되어 $C_B$의 전위가 하강할 것이다. 그림 3.11의 메모리 및 등가 커패시터 회로로 좀 더 자세히 설명하기로 한다. 먼저, 1이 저장되어 있을 때 Bit line의 전위의 최종 전위 $V_H$ 및 상승치 $\Delta V_H$는 다음 식과 같다.

$$V_H = \frac{C_B V_{CC}/2 + C_C V_{CC}}{C_B + C_C}$$

$$\Delta V_H = V_H - V_{CC}/2 = \frac{V_{CC}/2}{1 + C_B/C_C}$$

데이터가 0이 저장이 되어있을 경우 Bit line의 전위의 최종 전위 $V_L$ 및 상승치 $\Delta V_L$는 다음 식과 같다.

$$V_L = \frac{C_B V_{CC}/2}{C_B + C_C}$$

$$\Delta V_L = V_L - V_{CC}/2 = -\frac{V_{CC}/2}{1 + C_B/C_C}$$

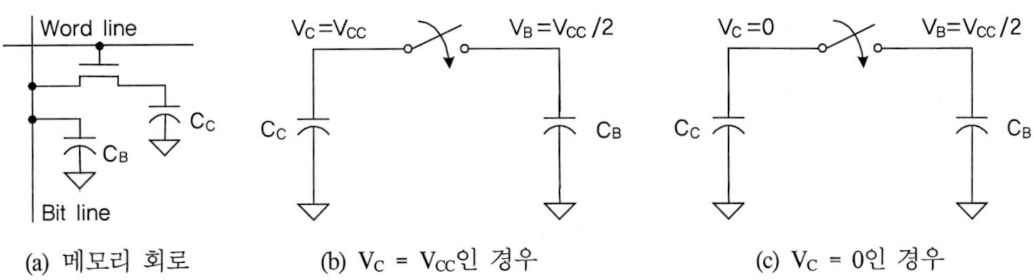


(a) 메모리 회로 (b) $V_C$ = $V_{CC}$인 경우 (c) $V_C$ = 0인 경우

| 그림 3.11 | Charge Sharing

셀 커패시터의 전하와 Bit line의 전하가 서로 합쳐지는 것을 charge sharing이라 한다.

다이나믹 메모리의 특징은 다음과 같다. 우선 셀 면적이 최소이므로 대용량화에 적합하다. 하나의 MOS 트랜지스터와 커패시터만을 사용하므로 적은 면적을 차지하며 구조가 단순하여 대용량으로 설계하기가 쉽다. 두번째로 전하가 있고 없는 정도를 파악하기 위해 기준 전압과의 차를 증폭시키는 증폭기가 필요하다. 앞에서 설명한 것과 같이 bit line의 전압과 커패시터에 저장되어 있는 전하의 양이 합쳐져서 bit line에 나타나게 된다. 커패시터에 저장되어 있는 전하의 양은 제한되어 있어 bit line의 전압에 미치는 영향이 작다. 따라서 Bit line의 전압이 증가하였는지 아니면 감소하였는지를 판단하기 위해 기준 전압을 두고 그 차이를 더욱 크게 해주는 회로가 필요한 것이다. 세번째로는 데이터를 한 번 읽으면 데이터가 없어지므로 다시 써 주어야 한다. 다이나믹 메모리에서 데이터를 읽을 때 MOS 트랜지스터를 동작시켜 커패시터에 저장되어 있는 전하와 Bit line의 전하를 합치게 된다. 따라서 커패시터에 저장되어 있던 전하는 그 양이 틀려지게 된다. 즉 데이터가 달라지게는 것이다. 메모리는 데이터를 필요한 시간만큼 저장을 하고 있는 것이 기본 기능이다. 한 번 데이터를 읽었다고 해서 없어지게 된다면 메모리의 기본 기능을 상실한 것이다. 따라서 데이터를 읽었을 때 읽혀진 데이터를 다시 커패시터에 저장해 주어야 한다. 마지막으로 다아나믹 메모리의 데이터는 자동으로 소멸되므로 주기적으로 다시 써 주어야 한다. 다이나믹 메모리는 커패시터에 충전되어 있는 전하의 유·무로 저장된 데이터를 판단한다. 다이나믹 메모리의 커패시터에 충전되어 있는 전하는 셀 구조에 의해 점차 줄어든다. 점차 줄어드는 전하의 양으로 인하여 일정시간이 흐르게 되면 원래 있던 데이터를 판단할 수 없게 된다. 따라서 전하의 양이 저장되어 있던 데이터를 판단하기 어려운 수준까지 줄어들기 전에 커패시터에 저장된 데이터를 읽고 다시 써주는 것이 필요하다.

## 3.4 스태틱 메모리

스태틱 메모리는 다이나믹 메모리와 같이 일정시간이 지나면 데이터가 사라져 다시 써야하는 번거로움이 없는 메모리이다. 그림 3.12는 스태틱 메모리의 일반적인 구조를 보여주며 그림 3.13은 간단하게 스태틱 메모리 등가회로를 표현한 것이다.

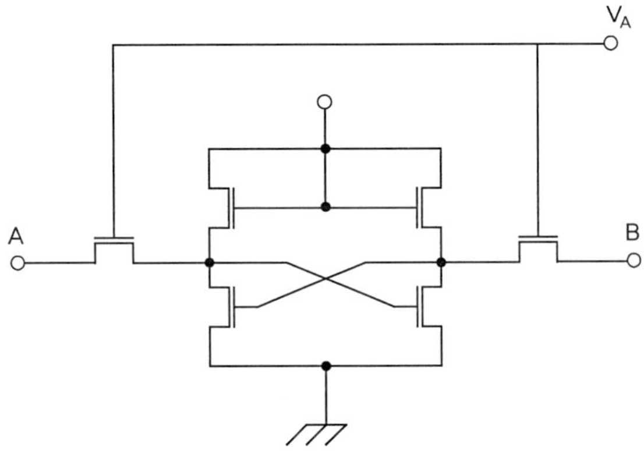


| 그림 3.12 | 스태틱 메모리의 구조

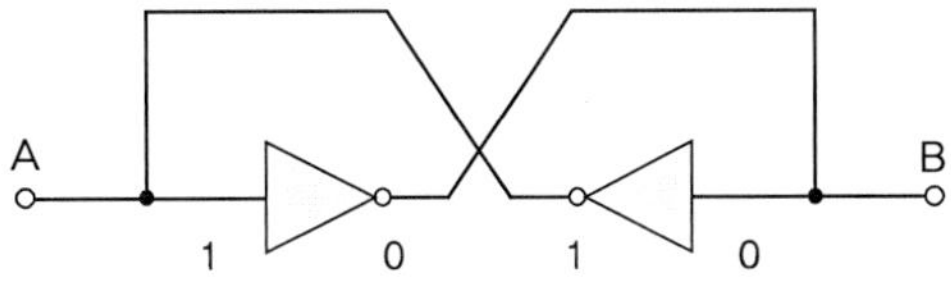


| 그림 3.13 | 스태틱 메모리의 등가회로

스태틱 메모리는 일반적으로 6개의 트랜지스터로 구성이 가능하며 그중 2개가 access의 역할을 하고, 나머지 4개의 트랜지스터는 2개가 하나의 인버터의 역할을 하게 된다. 인버터의 출력이 다른 인버터의 입력으로 들어가게 되어 하나의 래치 형태로 구성하게 되는 것이다. 이렇게 하면 서로의 출력이 입력이 되므로 access에 의하여 다음 데이터가 들어가기 전까지 일정한 데이터를 유지하게 된다. A와 B는 항상 반대의 입력이 인가된다. 그림 3.13은 A의 입력으로 1이 인가되고 B의 입력으로 0이 인가되었을 때이다. A와 B에 각각 1과 0의 데이터가 입력되었다고 가정한다. 우선 access 역할을 하는 A, B쪽의 트랜지스터에 동적 전압 $V_A$를 인가하면 내부 인버터로 A와 B의 데이터가 입력된다. 내부로 입력된 A의 입력인 1은 인버터를 거쳐 0으로 출력된다. 이 인버터의 출력 0은 B쪽에 있는 인버터의 입력이 된다. B쪽 인버터는 0을 입력받아 1을 출력해 A쪽 인버터의 입력으로 인가된다. 이러한 형태의 동작이 반복되면서 스태틱 메모리는 데이

터를 저장하는 것이다.

스태틱 메모리의 특징은 다음과 같다. 첫번째로 다이나믹 메모리와는 달리 주기적으로 읽고 써넣는 동작이 필요하지 않다. 다이나믹 메모리는 커패시터에 저장된 전하의 양을 가지고 데이터를 판단하므로 전하의 양이 점차 적어져 다시 데이터를 써 넣는 동작이 필요하다. 하지만 스태틱 메모리는 위의 구조에서 본 것과 같이 인버터가 들어있어 데이터를 다시 쓸 필요가 없게 된 것이다. 두 번째 특징으로 스태틱 메모리는 다이나믹 메모리에 비하여 적은 전력을 소모한다. 스태틱 메모리의 구조를 보면 두 개의 인버터가 서로의 출력을 입력으로 받는 형태를 띠고 있는 것을 알 수 있다. 따라서 한쪽이 0을 기억하고 있으면 다른 한쪽이 1을 기억하게 된다. 그러므로, 인버터의 PMOS나 NMOS 중 어느 한쪽만 켜져 있고 다른 하나는 꺼져 있게 되어 전류가 흐르지 않는다. 또한 다이나믹 메모리처럼 주기적으로 읽고 써주는 것이 필요 없으므로 소비 전력이 적다. 일반적으로 스태틱 메모리가 다이나믹 메모리보다 약 10배 정도의 전류 소비가 적다. 하지만 스태틱 메모리는 다이나믹 메모리에 비하여 6개의 트랜지스터를 사용하므로 차지하는 면적이 크다.

일반적으로 다이나믹 메모리는 크기가 작고 가격이 싸다는 장점으로 인하여 컴퓨터를 비롯한 많은 곳에 사용되고 있고, 스태틱 메모리는 가격이 비싸 일반적으로 프로세서나 작은 크기의 메모리를 사용하는 곳에 많이 쓰인다.

## 3.5 불휘발성 메모리

메모리는 크게 휘발성(volatile) 메모리와 불휘발성(non-volatile) 메모리로 나뉜다. 휘발성이냐 불휘발성이냐를 구분하는 가장 큰 특성을 메모리에 전원이 끊겼을 때 저장하고 있던 데이터를 잃어버리는가 아니면 그대로 가지고 있는가 이다. 휘발성 메모리는 전원이 끊기면 저장하고 있던 데이터를 잃어버리게 된다. 불휘발성 메모리는 전원이 끊기더라도 데이터를 잃지 않고 보존하고 있다. 휘발성 메모리의 대표적인 것으로는 다이나믹 메모리와 스태틱 메모리가 있고, 불휘발성 메모리로는 ROM(Read Only Memory)을 비롯한 여러 가지가 있다. 휘발성 메모리는 전원이 공급되었을 때만이 데이터를 저장하거나 읽을 수 있다. 하지만 정보를 매우 오랜 시간동안 정보를 저장하고 싶거나 어떤 기계를 처음 동작시키기 위한 정보를 저장하고 싶을 때는 사용할 수 없다. 따라서 전원이 공급되지 않더라도 데이터를 잃지 않는 메모리가 필요한 것이다.

불휘발성 메모리는 전원이 끊어졌을 때에도 데이터를 유지하고 있어야 하므로 회로와 같이 전기로 움직이는 장치로는 만들 수 없고, 물질의 특성을 이용하여 제작하여야 한다. 물질의 기억 현상, 즉 히스테리시스라 불리는 현상을 이용한다. 히스테리시스 전압이란 일정한 입력 전압에서 일정한 출력 전압으로 정의되는 것이 아니라 이전 전압에 상태 변화에 따라 전압이 변화하는 것을 말한다. 그림 3.14는 히스테리시스 곡선을 나타낸다.

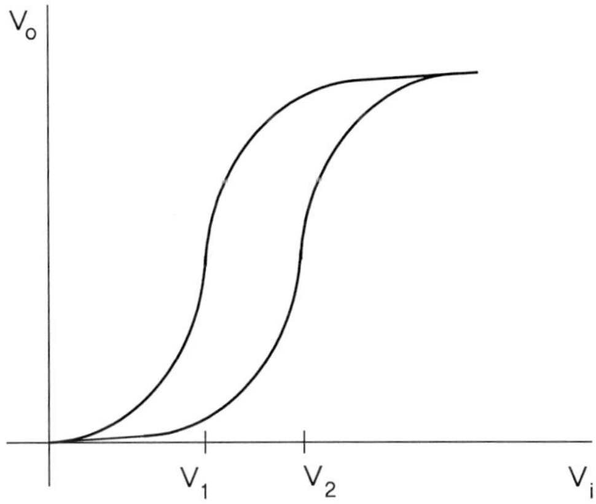


| 그림 3.14 | 히스테리시스 곡선

그림 3.14에서와 같이 입력 전압 $V_i$에 대해 출력 전압 $V_o$가 결정될 때 입력 전압값이 커지면서 결정되는 출력 전압값과 입력 전압값이 작아지면서 결정되는 출력 전압값이 다를 때 이러한 전압 특성을 히스테리시스 특성을 가진다고 한다. 이러한 히스테리시스 특성은 주로 입력 전압값에 대한 어떤 임계값에 대하여 출력 전압이 high 혹은 low로 결정될 때 임계값 근처의 입력값에 대하여 출력 전압이 흔들리는 것을 막을 수 있다. 이때 히스테리시스 특성을 이용하면 $V_2$ 이상에서 high가 되고 나면 $V_1$ 이하로 떨어지기 전에는 high를 유지하게 된다. 반대로 $V_1$ 이하에서 low가 되면 $V_2$ 이상으로 올라가기 전에는 low를 유지하게 된다. 즉, 한 번 어떤 값에 의하여 상태가 결정이 되면 특정 조건이 입력되기 전에는 그 상태를 유지하는 것이다. 이 특성을 이용하여 불휘발성 메모리를 제작하는 것이다.

히스테리시스 특성을 가진 재료로는 강자성체와 강유전체가 있다. 강자성체에는 카세트테이프를 비롯하여 컴퓨터에 사용되는 버블 메모리와 데스크 메모리 등이 있다. 그림 3.15는 강유전체의 특성을 반도체에 이용한 비휘발성 메모리의 예이다.

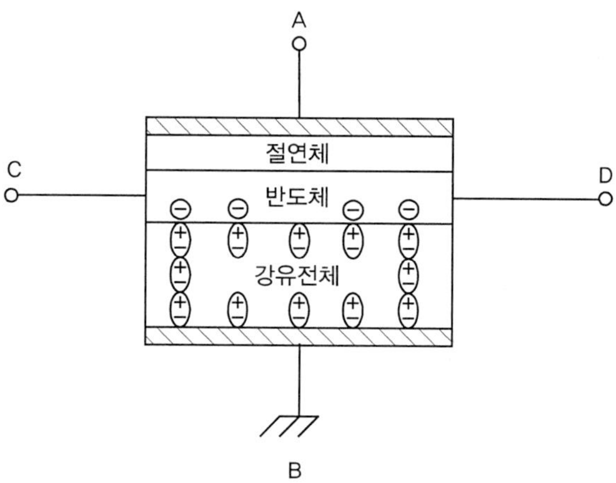


| 그림 3.15 | 강유전체가 이용된 불휘발성 메모리

그림과 같이 3층 구조의 위·아래에 전극을 설치하고 A에 부전압을 가하면 강유전체는 그림과 같이 +, − 분극이 일어난다. 이후 A 전극의 부전압을 제거하여도 강유전체에 접하는 반도체 내에 그림과 같이 전가(−)가 유기되어 이것이 C~D 전극간의 저항값을 변경시킨다. 강유전체의 분극은 반영구적이므로 이 반도체내의 전자에 의한 기억은 비휘발성이다.

## 3.6 ROM(Read Only Memory)

ROM은 저장되어 있는 데이터는 읽을 수 있지만 기록은 할 수 없는 메모리이다. ROM은 영구적, 반영구적으로 데이터를 유지할 수 있는 메모리의 종류이다. Read-Only로 하는 것은 다시 재 기록하는 것이 불가능하거나 어렵기 때문에 비록 전원이 나가더라도 ROM에 저장된 데이터는 유지가 된다. 이 때문에 ROM을 비휘발성 메모리라고 한다.

ROM은 Read Only Memory로 이름 그대로 읽을 수만 있는 메모리로 전원 공급이 끊어져도 데이터가 지워지지 않는다. 컴퓨터는 우리가 사용하는 자료의 입·출력뿐 아니라 자기 자신의 기본적인 프로그램, 예를 들어 전원을 켰을 때 내장 메모리를 체크하거나 주변 장치를 초기화하고 DOS 읽기 등을 수행한다. 이와 같은 일을 수행하기 위해서는 전원을 끄더라도 그 내용이 지워지지 않는 메모리가 필요하다. 또한 수학공식이나 사전에 정의되는 것 등 고칠 필요가 없는 것들을 저장할 때 필요하다.

ROM은 여러 가지 종류가 있다. 제작자가 생산할 때 사용자의 주문에 따라 Mask(기억 데이터에 따라 각기 다른 형태를 가지는 얇은 막)를 변화시켜 제작, 기억된 데이터를 지우거나 변경할 수 없는 매스크롬(Mask ROM)과 사용자가 프로그램할 수 있는 어떤 장치를 이용하여 임의의 프로그램을 기억시킬 수 있는 프로그래머블 롬(programmable ROM)이 있다. 프로그램할 수 있는 장치를 PROM writer라고 한다. 또한 ROM은 한 번 프로그래밍하면 다시 프로그래밍을 못하는데 이것을 새사용 가능하게 만는 것으로 PROM 중에서 전기적으로 지우고 쓸 수 있는 ROM으로 EEPROM(electrically erasable programmable read-only memory)이 있다.

### 1) Mask ROM

마스크롬은 ROM의 한 종류로 제조 과정에서 이미 내용을 미리 기억시켜 놓은 메모리로 사용자가 그 내용을 변경할 수 없는 ROM이다. 일반적으로 대부분의 ROM은 제조 과정에서 데이터가 쓰여 지거나 실리콘 칩 안에 내장된다. 데이터가 제조공정 중 마스크 안에 형성되기 때문에 마스크롬이라는 이름이 붙여졌다. 이러한 형태의 제조 방법은 동일한 정보의 ROM을 많이 만든다면 경제적일 것이다. 그러나 메모리 안의 내용을 한 비트라도 바꾸려 한다면 마스크를 다시 제작하여야 하기 때문에 시간과 많은 비용이 들게 된다.

마스크롬을 쓰는 예로 비디오 카드를 들 수 있다. 비디오 카드에서는 문자의 화면 입·출력을 소프트웨어적인 방법과 하드웨어적인 방법을 사용한다. 화면의 입·출력을 모두 소프트웨어적인 방법으로 하게 되면 속도가 느리게 되고, 하드웨어로 모두 처리한다면 나중에 성능을 개선하기 어렵다. 따라서 화면 처리의 기본적인 기능은 하드웨어로 처리하여 속도를 향상시키고, 세부적인 프로그램은 소프트웨어로 처리하여 업그레이드를 가능하게 한다. 이 하드웨어로 ROM을 사용한다. 게임 소프트웨어의 패키지 속에 들어 있는 것이 마스크롬이다.

### 2) 포텐셜 우물(potential well)

전자는 포텐셜 에너지에 의해 이동한다. 만약 그림 3.16과 같이 포텐셜 에너지가 가운데 움푹 파인 우물과 같은 것이 생기고 어떤 방법으로 전자가 이 우물로 주입이 된다면 전자는 외부로 나지지 못하게 된다. 이를 이용하여 포텐셜 우물에 전자의 유·무를 데이터의 유·무로 판단하여 기억 장치로 사용할 수 있다.

이와 같은 포텐셜 우물을 그림 3.17과 같이 실리콘과 실리콘 산화물($SiO_2$)로 만들 수 있다. 즉 그림에서 중앙부의 실리콘 기판 위에 실리콘 산화물로 만든 막을 얹고, 그 위에 다시 산화막을 얹어 샌드위치 형태로 쌓는다. 실리콘 산화막은 절연물로 금지대폭이 8 eV, 실리콘은 1.1 eV이다. 그림 3.18(a)는 이를 나타내고 있다. 이 그림을 통해 그림 3.16에 나타난 포텐셜 우물을 형성하고 있음을 알 수 있다. 그림 3.18(a)에서 알 수 있듯이 위쪽은 전자의 축적에 사용될 수 있으며 아래쪽은 정공을 축적하는 데 사용된다.

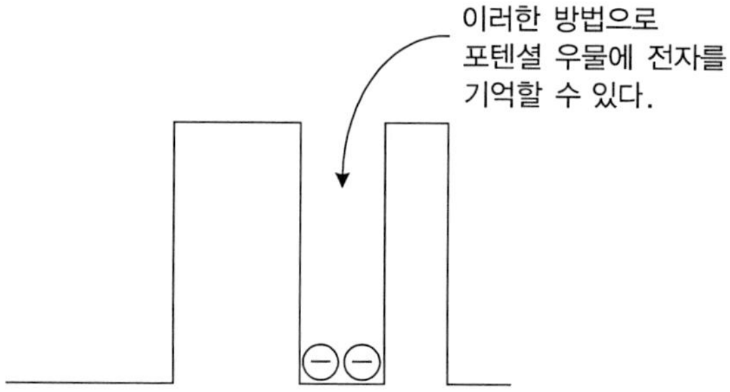


| 그림 3.16 | 포텐셜 우물 기억 장치

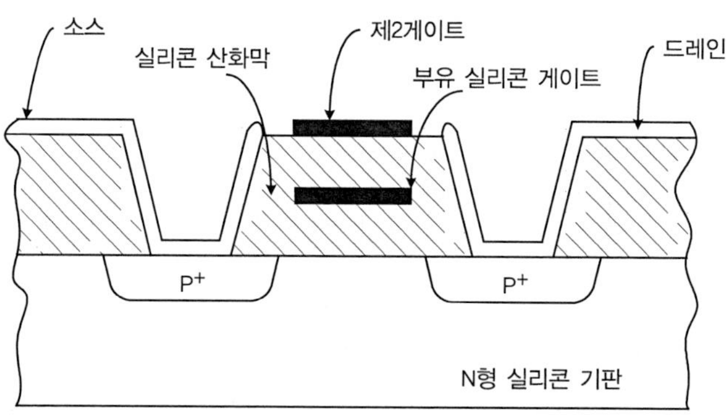


| 그림 3.17 | 부유 실리콘 게이트형 비휘발성 메모리

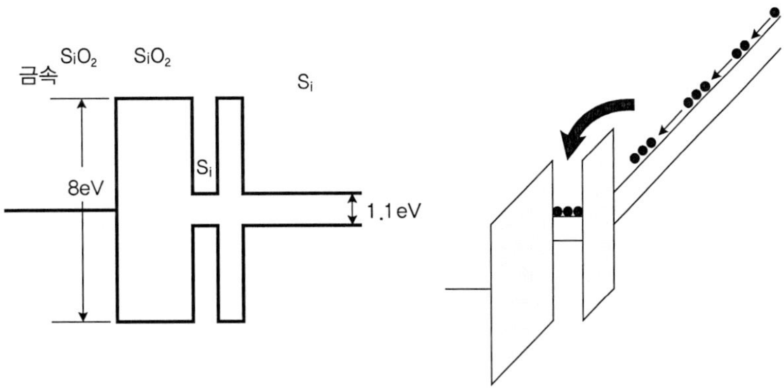


(a) (b)

| 그림 3.18 | 부유 실리콘 게이트 구조의 에너지

### 3) PROM(Programmable ROM)

PROM은 사용자가 프로그램이 가능한 ROM으로 처음 구입할 때 아무것도 저장되지 않은 상태에서 사용자에게 제공된다. 사용자는 PROM 프로그래머라는 장치를 사용하여 PROM 내부에 데이터를 쓸 수 있다. 또한, PROM은 여러 번 반복해서 데이터를 쓸 수 있는 것이 아니라 사용자는 한 번만 데이터를 쓸 수 있다. 한 번 데이터가 쓰여진 PROM은 더 이상 데이터를 변경하거나 삭제할 수 없다.

PROM의 내부는 각 비트가 퓨즈와 같이 되어있다. PROM 프로그래머 장치로 데이터를 쓰면 퓨즈가 끊기게 되어 1과 0이 저장된 것으로 판단할 수 있다. 따라서 한 번 저장한 PROM에 새로운 데이터를 쓰게 되면 기존의 퓨즈가 끊긴 것에 새로이 퓨즈를 끊는 것이 되므로 PROM 안의 데이터가 의미 없는 데이터로 변하게 된다. PROM은 한 번 이상 사용자가 데이터를 쓸 수 없기 때문에 사용자가 데이터를 반복적으로 쓸 수 있는 PROM이 설계되었다. 사용자가 계속해서 데이터를 반복적으로 쓸 수 있는 PROM으로 EPROM과 EEPROM이 있다.

PROM의 제조 방법으로 앞에서 설명한 포텐셜 우물을 이용한다. 포텐셜 우물에 전하를 넣는 것과 빼내는 방법으로 두 가지 방법이 있다. 하나는 자외선과 같은 에너지의 빛을 쪼여 전하를 여기토록 하여 우물에 넣는 방법이다. 두번째 방법은 전계를 거는 방법으로 그림 3.17에 나와 있는 회로를 이용하는 방법이다. 두번째 게이트에 기판에 대한 정전압을 건다면 에너지도는 그림 3.18(b)와 같이 된다. 즉, 실리콘 기판 내에는 전자를 포텐셜 우물에 밀어 넣으려는 형태가 되고 전압의 크기가 충분히 크면 전자가 포텐셜 에너지를 넘어 우물 안으로 이동하게 된다. 부유 게이트에 전자가 들어가면 포텐셜 우물에 전자가 들어간 것과 같으며 한 번 들어간 전자는 외부 힘에 의해 여기되지 않는 한 외부로 나올 수 없다. 전자가 부유 게이트에 있는 것은 통상의 MOS 트랜지스터에 있어서의 게이트 전극을 역방향으로 걸어준 것과 같으며, N형 실리콘 기판에는 정공을 유기하여 소스와 드레인 사이의 통로를 형성하여 ON이 된다. 그림 3.18(b)에서 부유 게이트의 실리콘에 경사가 없는 것은 이 부분에 불순물을 대량으로 넣어 전도도를 크게 하였기 때문이다. 일반적으로 그림 3.18(b)와 같이 전자를 넣어 데이터를 써 넣고 자외선을 쬐여 전자를 우물로부터 빼낸다. 이와 같은 방법으로 제조단계에서 배선에 의해 데이터가 쓰여진 MaskROM과는 달리 사용자가 데이터를 여러 번 반복적으로 쓸 수 있게 만들었다.

### 4) EPROM(Erasable PROM)

EPROM은 필요할 때마다 기억된 내용을 지우고 다른 내용을 기록할 수 있는 ROM이다. 내용을 바꾸기 위해서 롬라이터를 사용하며 ROM에 새로운 내용을 쓸 때에는 레이저를 사용하여 가공한다. EPROM은 다른 ROM과는 달리 롬 위에 동그란 유리창이 있다. EPROM에 데이터를 쓸 때는 PROM과 같지만 데이터를 지울 때는 전기적으로 지우는 것이 아니라 자외선을 창에 쬐면 데이터가 지워진다. EPROM을 쉽게 볼 수 있는 곳이 바로 컴퓨터이다. 컴퓨터를 켤 때 필요한 프로그램인 바이오스가 들어있는 롬이 EPROM이다. EPROM은 자외선을 쬐면 데이터가 지워지므로 하드웨어를 제어하는 프로그램을 적절히 써넣기 좋다. EPROM은 컴퓨터 관련 제품을 개발하는 개발회사나 바이오스와 같이 나중에 변경이 필요한 곳에 사용하는 것이 보통이다. EPROM은 내부에 저장된 데이터를 지우는 방식에 따라 UVEPROM(Ultra Violate Erasable PROM)과 EEPROM(Electrically Erasable PROM)으로 구분된다.

### 5) EEPROM(Electrically Erasable PROM)

UVEPROM은 자외선을 쬐여 데이터를 지우는 데 반해 EEPROM은 전기적으로 데이터를 지운다. EEPROM은 칩의 한 핀에 전기적 신호를 가함으로써 데이터를 지울 수 있다. 따라서 데이터를 추가하고 지우기 위한 롬 라이터와 롬 이레이저가 필요하지 않다. EEPROM은 하나의 장비를 사용해서 쓰고 지우기가 가능하며 내용을 지우는 데 있어 속도가 빠르다. 그러나 EEPROM은 전기를 가해줌으로써 한 번에 1비트만 지울 수 있기 때문에 비효율적이다. EEPROM은 모뎀이나 비디오카드, SCSI 컨트롤러 등에 사용된다.

## 3.7 Flash 메모리

플래쉬 메모리는 EEPROM의 일종으로 전기적으로 데이터를 쓰거나 지우는 것이 가능하고, 전력을 공급하지 않고도 데이터를 보존할 수 있기 때문에 컴퓨터나, 휴대전화, 디지털카메라, 음악 플레이어 등에 필수품으로 사용되고 있다. EEPROM이 1비트의 데이터를 기억하기 위해서 2개의 트랜지스터가 필요하지만, 플래쉬 메모리는 하나의 트랜지스터로 가능하므로 보다 집적도를 높일 수 있는 것이 장점이다. 그러나 EEPROM은 RAM과 같이 임의의 위치에 있는 데이터를 지울 수가 있는 반면에 플래쉬 메모리는 블록 단위로 일괄해서 데이터를 지우지 않으면 안 된다. 또한, 플래쉬 메모리는 제어 게이트와 실리콘 기반 사이에 부유 게이트를 가지고 있다. 소형화로 하면 데이터를 쓰거나, 지울 때 높은 전압에 동작하는 트랜지스터가 필요하여 가격이 상승한다. 반대로 사용 전압을 내리면 데이터를 기억하는 동작에 에러가 발생하여 메모리로 기능을 상실하게 된다.

플래쉬 메모리 셀의 구조는 그림 3.19와 같이 MOS 트랜지스터의 게이트와 기반 사이에 부유 게이트가 삽입되어 있는 EPROM 구조와 동일하고 동작은 쓰기와 지우기로 구분되어진다. 쓰기 동작은 2가지가 있으며, 그림 3.19(a)에는 Fowler Nordheim tunneling 원리에 의한 동작을 나타낸다. 지우기 동작은 그림 3.19(c)와 같이 기반에 높은 바이어스를 걸고 게이트를 영 바이어스로 하면 부유 게이트에 기억되었던 전하가 제거되어 기억이 지워지게 된다. 또 다른 방법으로는 그림 3.19(b)와 같이 hot-electron에 의한 방법으로 소스에 높은 전압을 걸면 hot-electron이 발생하게 되고 이때 게이트에 전압을 인가하면 hot-electron이 부유 게이트로 주입되어 쓰기 동작이 이루어진다. 지우기 동작은 그림 3.19(c)의 원리를 이용한다. 일반적으로 플래쉬 메모리 셀은 데이터를 저장하기 위한 최소 단위는 1 cell에 1비트를 저장하고 있으나, MirrorBit는 2비트 저장이 가능하다. 최근에는 1 cell에 다치(multi value)를 기억하는 플래쉬 메모리도 개발되어 있다.

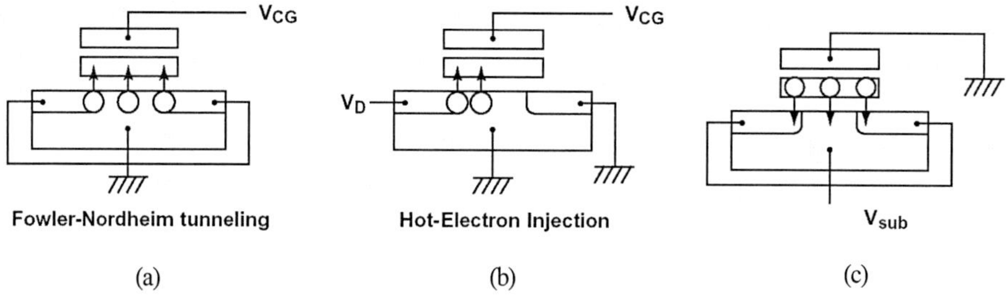


| 그림 3.19 | 플래쉬 메모리의 electron trapping과 removal. (a) trapping, (b) trapping, (c) Fowler Nordheim tunneling에 의한 removal

## 1) NAND형 플래쉬 메모리

NOR형보다 대용량으로 설계하기가 적합한 구조를 갖고 있으나, 속도가 늦으며 신뢰성이 낮다. 데이터를 기억하는 것은 가능하나 소프트웨어 명령어를 실행하는 것이 불가하여 가격이 저렴한 것이 특징이다. 메모리 카드, 메모리 디스크 등 휴대용 단말 장치에 수요가 많으며, 디지털 기기의 내장 메모리로서도 많이 사용되고 있다. 그림 3.20은 NAND와 NOR 구조의 메모리 구조를 나타낸다.

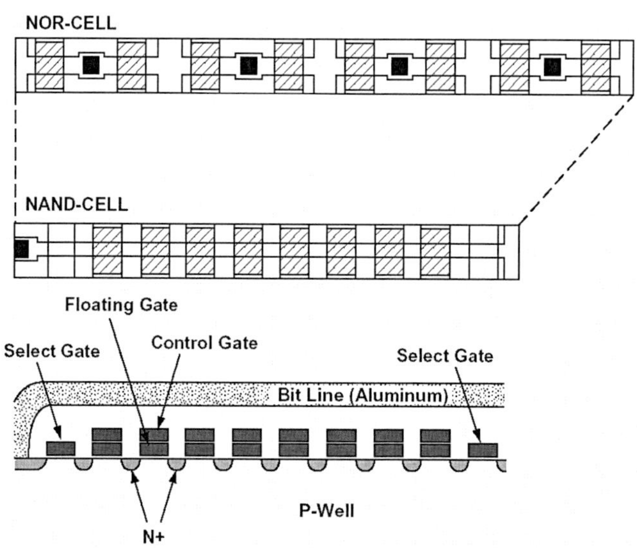


| 그림 3.20 | NAND와 NOR형의 플래쉬 메모리 구조

## 2) NOR형 플래쉬 메모리

데이터 기억에 있어서 신뢰성이 대단히 높으며, 쓰기/읽기 동작이 고속으로 실현이 가능하다. 고속, 저용량으로 휴대전화의 프로그램을 저장하는 데 주로 사용되며, 가격이 높아 NAND형으로 대치되고 있는 실정이다.

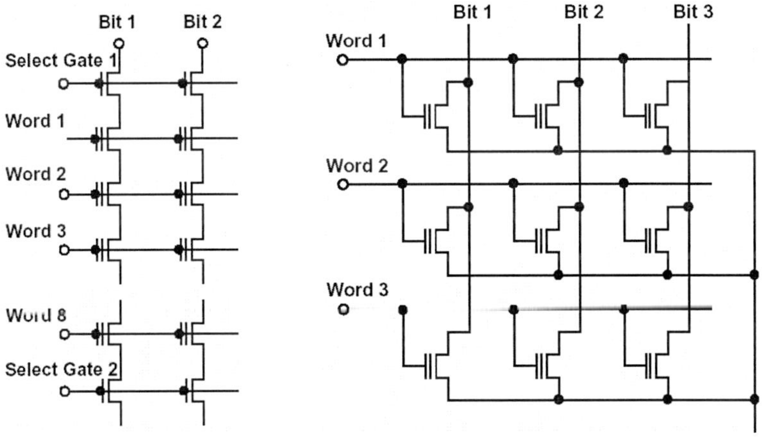


(a) NAND형 (b) NOR형

| 그림 3.21 | NAND형과 NOR형 플래쉬 메모리의 회로

## 3) USB 메모리

대부분의 컴퓨터는 USB 포트를 가지고 있어 plug-in/out이 가능하다. USB 메모리는 USB 포트에 삽입하여 사용하는 키홀더 크기로 16 ~ 32 MB 정도였으나 2005년 이후에는 GB 단위의 메모리가 주종을 이루고 있다. 또한 USB 메모리는 컴퓨터의 소프트웨어 열쇠로도 사용되며, USB 포트에 메모리를 삽입하면 컴퓨터가 잠기는 소프트 기능이 들어 있다. 이때 열쇠 분실에 대비하여 추가로 다른 USB 메모리를 여분의 열쇠로 설정하는 것도 가능하다.

플래쉬 메모리의 응용에는 USB 메모리 이외에도 하드디스크처럼 사용하는 제품들도 있으며, PCMCIA, IDE HDD와 호환되는 플래쉬 메모리가 상품화되어 있다. 또 주변기기도 플래쉬 메모리를 탑재하고 있는 경우에, 컴퓨터에서 ROM 업데이트 작업을 하는 것도 가능하다.

CHAPTER

# 4

# IC의 구조와 제조

## 4.1 왜 실리콘인가?

IC 구조와 제조공정을 이해하기 위해서는 현재 생산되고 있는 IC의 대부분이 왜 실리콘 기판을 사용하여 제작되는지를 알 필요가 있다. 실리콘 재료가 IC 시장을 지배하는 데에는 다음과 같은 여러 가지 이유들이 있다.

가장 큰 이유는 우수한 실리콘 산화막($SiO_2$)이 존재한다는 점이다. 실리콘을 산화성 가스 중에서 가열하면 산화되어 산화실리콘, 즉 산화막이 된다. 이것은 석영이라는 아주 안정된 절연물질로 다른 반도체에는 존재하지 않는 행운인 것이다. 이 실리콘 산화막은 반도체 소자 및 공정에서 아주 유용하게 사용되는 재료이다. 즉, 실리콘 산화물은 절연막으로서 소자를 전기적으로 격리할 때 사용될 뿐만 아니라, IC 제작공정에 필요한 불순물의 선택 확산을 위한 격리막으로도 사용된다. 마치 한약의 감초와 같이 반도체 전반에 걸쳐 유용하게 사용된다.

다음으로 실리콘은 지구상에서 아주 풍부한 원소라는 점이다. 표 4.1에서 보는 바와 같이 실리콘은 산소 다음으로 지구상에서 많이 존재하는 원소이다. 어디에 이처럼 많은 실리콘이 있는 것일까? 우리 주변에서 쉽게 접할 수 있는 모래나 암석 등은 모두 실리콘 산화물이 주된 성분이다. 따라서, 모래를 적절한 공정과정을 거쳐 환원함으로써 실리콘을 만들 수가 있다.

| 표 4.1 | 지구상에 존재하는 원소의 비율

| 원소 | 성분비(%) |
|---|---|
| O | 46.6 |
| Si | 27.7 |
| Al | 8.13 |
| Fe | 5.00 |
| Ca | 3.63 |

에너지도 유한하지만 물질 또한 더욱 더 유한하며, 대량으로 물질을 사용할 때는 그 물질이 지구상에서 풍부하게 존재하는지를 확인하여야 한다. 특히, 에너지 대책으로 반도체를 사용한 태양전지의 개발이 진행되었는데, 이 경우 에너지 문제를 해결하기 위하여 상당량을 필요로 하고 있어 이점에서 실리콘에

의한 태양전지가 가장 유망하다. IC의 경우는 에너지 대책을 위한 태양전지보다는 양이 적으나 지구상에 많을수록 좋으며, 폐기 시에도 전혀 무공해하다는 장점이 있다.

또한 실리콘의 유리한 점은 이것이 화합물이 아닌 순수한 원소 반도체라는 것이다. 같은 반도체라도 예를 들어 갈륨비소(GaAs) 등은 2개의 원소로 구성된 화합물 반도체이다. 화합물 반도체는 순서대로 일정한 방향으로 규칙적으로 정렬된 단결정을 만들 때에 원소들이 1대 1의 비율이 아니고는 결함이 생기기 쉽다. 더욱이 가열할 경우 실리콘은 표면이 다소 증발하여도 나머지 부분이 순수한 실리콘으로 남으며, 산화하여도 실리콘 표면의 일부가 산화되고 나머지 부분은 실리콘인 것이다. 그러나 갈륨비소의 경우 가열하면 두 원소들이 증발하여 나머지의 성분비는 1대 1에서 벗어난다. 산화하는 경우도 산화하기 쉬운 원소부터 산화하여 1대 1의 비율이 깨어진다. 즉, 원소 반도체의 장점은 안정성에 있다.

물론 갈륨비소 화합물 반도체도 장점이 있다. 화합물 반도체의 유리한 점은 원소들의 선택과 성분비에 의하여 여러 가지 종류를 만들어 낼 수 있다는 것이다. 특히, 갈륨비소와 같이 두 개의 원소에 제한하지 않고 3개 이상의 원소라도 구성될 수 있다. 이렇게 되면 그 수는 무한에 가까워 그 중에는 특성이 실리콘보다 우수한 것이 나올 수도 있다. 사실 실리콘보다도 이동도가 10배 이상 빠른 화합물 반도체도 있으며 이와 같은 재료는 특히 고속의 특성을 요하는 특별한 용도로 사용될 수 있다. 그러나 갈륨비소가 실리콘에 비하여 시장에서 확산되지 못하는 이유는, 양질의 산화막이 없기 때문에 소자 제작이 힘들고 수율(yield)의 하락 등으로 인한 대량 생산의 문제가 있다.

다시 원소 반도체로 돌아와서 실리콘이 아닌 다른 종류의 원소 반도체를 사용할 수 없을까 하는 의문이 생긴다. 실리콘 이외의 4족 원소 반도체로서 탄소(C) 혹은 게르마늄(Ge)이 있다. 그 중에서 탄소는 다이아몬드 결정 구조를 하고, 밴드 갭 에너지가 아주 크기 때문에 절연체에 가깝다. 게르마늄은 실리콘 반도체 기술이 발전하기 전에 한때 사용된 원소 반도체이다. 게르마늄의 유리한 점은 전계가 걸린 경우 전자나 정공이 움직이는 이동 속도를 나타내는 이동도(mobility)가 실리콘에 비하여 약 3배 이상 크다는 점이다. 그러나 게르마늄은 밴드 갭 에너지가 0.66 eV로 실리콘의 밴드 갭 1.12 eV보다 작아서, 진성 캐리어 농도가 커지고 소자의 누설 전류가 증가하기 때문에 사용할 수 있는 온도가 높지 않다. 즉, 고온에서의 사용이 불가능하다. 게르마늄은 또한 안정된 산화막이 없어서 소자제작에 아주 불리하다. 여기서 꼭 4족이 되어야 하는 이유는 반도체 소자에 전류를 흘리기 위해서는 전자 혹은 정공과 같은 캐리어가 필요한데 4족일 때 불순물을 투입하여 전자나 정공을 만들기 제일 적합하기 때문이다.

이와 같이 실리콘은 우수한 산화막이 있고, 지구상에 풍부하게 존재하고 있으며, 원소 반도체로서의 안정성과 제작의 용이성이 있고, 온도 특성이 우수하여 반도체 시장을 제패하게 된 것이다. 장래에도 실리콘의 이러한 우수한 특성 때문에 실리콘을 능가할 반도체는 없을 것이라고 예상된다. 이러한 실리콘의 고유한 특성을 고려하여 다음에서 설명할 소자 구조와 적절한 제작공정들이 개발되어 왔다.

## 4.2 공정에 들어가기 전에

실리콘 원소를 함유한 모래에서부터 IC까지의 제조공정은 다음과 같다. 먼저 모래로부터 고순도 다결정 실리콘을 제조하며, 다결정 실리콘은 결정 성장을 통해 직경 12 인치, 두께는 약 400 ㎛인 웨이퍼를 만든다. 다음으로, BJT 및 MOSFET 등의 반도체 소자를 포함한 IC를 제조하는 공정을 거쳐, 마지막으로 패키지 및 검사 과정을 마치게 되면 IC가 완성된다.

### 1) 고순도 폴리실리콘 제조 과정

IC를 만들 수 있는 실리콘은 PPB(part per billion) 이하의 불순물이 포함된 아주 고순도이어야 하기 때문에 복잡한 추출 과정을 거치게 된다. 모래에서 다결정 실리콘을 추출하고, 다결정 실리콘으로부터 단결정 성장의 두 단계가 필요하다. 먼저 산화실리콘인 모래에서부터 다결정 실리콘을 추출하는 데에는 수소 환원과 같은 방법을 쓴다. 수소 환원은 사염화규소 혹은 삼염화 사일렌으로 시작한다.

$$SiCl_4 + 2H_2 \rightarrow 4HCl + Si$$
$$2SiHCl_3 + 2H_2 \rightarrow 6HCl + 2Si$$

이 실리콘은 다결정 실리콘이다.

### 2) 단결정 성장 및 웨이퍼 제조 과정

다결정 실리콘에서 단결정 실리콘으로 성장하기 위한 방법으로 쵸크랄스키(Czchralski) 방법과 부유대역(floating-zone) 방법이 있다. 좀 더 자세한 설명은 다음 절을 참조하라. 단결정 실리콘 봉을 둥근 원판으로 잘라낸 것이 웨이퍼이다. 도핑된 실리콘 웨이퍼를 만들기 위해서는 단결정 성장 시 원하는 불순물을 첨가하여야 한다.

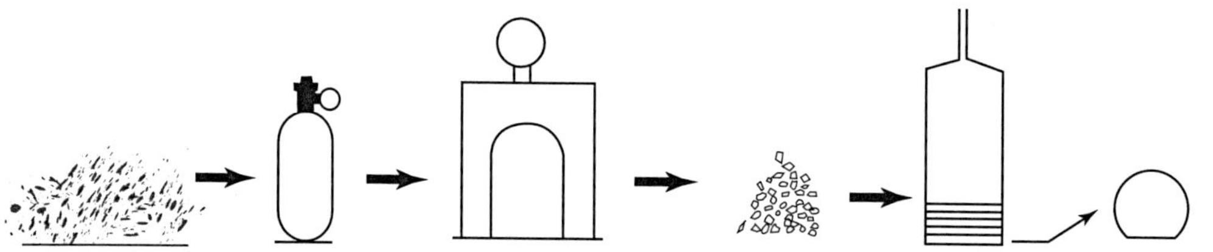


| 그림 4.1 | 단결정 실리콘 성장 및 웨이퍼 제조 과정

### 3) 반도체 소자를 포함한 IC 제조공정

IC 제조공정은 많은 복잡한 공정이 필요하다. 이를 분류해 보면 다음과 같은 기본 공정으로 나눌 수 있다.

#### ① 박막 형성

여러 가지 물질의 박막을 웨이퍼 표면에 성장 혹은 증착한다. 박막은 게이트 산화막 혹은 필드 산화막과 같이 반도체 소자의 구성 성분으로 사용되기도 하고, 불순물의 선택적인 주입을 위한 포토리소그라피 공정 중의 불순물 마스킹으로도 사용되기도 한다.

#### ② 패턴 형성

포토리소그라피라는 공정을 통해 마스크라는 유리판에 있는 패턴을 실리콘 웨이퍼로 복사한다.

#### ③ 도핑(불순물 주입)

마스크에서 웨이퍼로 복사된 패턴을 이용하여 원하는 부분을 도핑, 즉 불순물을 주입한다. 도핑에는 열적 확산(diffusion)과 이온 주입(ion implantation) 두 종류가 있다.

#### 4) 패키지 및 검사 과정

칩이 제작된 웨이퍼는 최종적으로 수분 혹은 기타 불순물의 침투를 막기 위하여 보호막(passivation)을 입힌다. 이때 본딩 패드는 온웨이퍼 테스트 및 본딩을 위하여 노출된다. 공정을 마친 웨이퍼는 칩의 동작을 확인하기 위한 웨이퍼 선별을 한다. 보호막에서 노출된 본딩 패드를 금속 프로브로 연결하여 동작 및 기능 확인을 하여 통과한 칩만 패키징에 들어간다.

## 4.3 반도체 소자, 칩, 웨이퍼 크기

우리가 방송이나 책, 신문 등에서 보고 듣는 DRAM 혹은 플래쉬 메모리에 사용되는 반도체 소자인 MOSFET 트랜지스터의 크기는 얼마 정도인가? 우리가 제일 쉽게 접하는 PC, PDA 등의 핵심 칩인 CPU와 DRAM 메모리에는 이러한 반도체 소자가 몇 개나 들어가 있을까? 이러한 의문들을 가져보지 않은 사람은 없을 것이다. 만약 이런 의문이 없었다면 반도체에 대한 관심이 전혀 없는 사람일 것이다. 몇 년 전의 IMF 위기를 가져온 중요한 원인 중의 하나도 반도체 수출이 급감했기 때문이라는 주장도 있었다.

최신의 반도체 소자는 예들 들어 0.18 ㎛ 설계 규칙(design rule)으로 만들어진다. 물론 반도체 제조 기술이 발전함에 따라 이 설계 규칙은 점점 줄어든다. 설계 규칙이라 함은 반도체 웨이퍼에 만들 수 있는 반도체 소자 패턴의 최소 단위이다. 예를 들어, 0.18 ㎛ DRAM이라고 할 때, 0.18 ㎛는 설계 규칙을 이야기하며 DRAM에 들어가는 MOSFET 게이트 길이는 0.18 ㎛이다. 1 ㎛란 1/10000 cm로 0.18 ㎛의 길이를 상상하기는 아주 힘들지만, 실리콘 반도체에서 원자와 원자 사이의 거리가 약 2.4Å(= $2.4 \times 10^{-4}$ ㎛)으로 게이트 아래에 실리콘 원자 750개가 줄을 서고 있다고 생각하면 된다. 최근 1G DRAM이 개발되었는데 여기에는 트랜지스터와 커패시터가 각각 10억 개가 내장되어 있는 것이다.

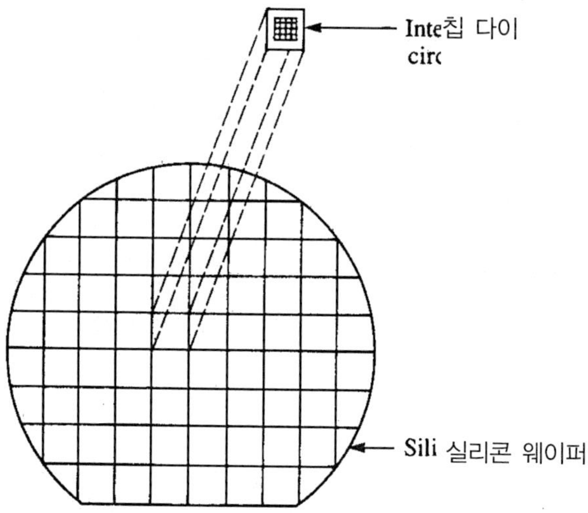


| 그림 4.2 | 반도체 웨이퍼와 IC 칩 크기 비교

요즈음 최신 반도체 기술은 12″(30 cm) 실리콘 웨이퍼를 사용한다. 만약 1G DRAM 칩의 크기가 1 cm × 1 cm이라면 1 개의 12″ 실리콘 웨이퍼로 약 600개 정도의 IC가 나온다. 재미있는 것은 최신 기술의 경우 칩 면적을 공개하지 않는다. 왜냐하면 칩 면적이 공개되면 이 회사의 기술 수준을 알 수 있기 때문이다.

그림 4.2에 실리콘 웨이퍼와 IC 칩 다이(die)를 보여주고 있다. 웨이퍼의 아래 잘린 부분은 major flat으로 불리는데 실리콘 결정 구조가 배열된 방식을 나타낸다.

반도체 소자의 길이(0.18 ㎛ = $0.18 \times 10^{-4}$ cm)와 반도체 웨이퍼의 직경(30 cm)을 비교해 보았는데, 소자의 깊이와 웨이퍼의 두께도 흥미롭다. 대표적인 반도체 소자인 MOSFET의 중요 부분인 소스와 드레인의 깊이는 약 0.1 ㎛ 정도이며, 반도체 웨이퍼의 두께는 수 백 ㎛이다. 실리콘 웨이퍼 중에서 극히 일부분만이 반도체 소자에 사용하고 있는 것이다.

다음으로 현재의 대표적인 반도체 소자인 BJT와 MOSFET의 구조와 공정에 들어가기 전에 BJT와 MOSFET의 공통점과 차이점을 알면 공정이 쉽게 이해될 것이다. BJT와 MOSFET는 모두 트랜지스터이며, 증폭 및 스위칭의 두 가지 기능은 동일하지만, 기본 동작 원리와 구조는 매우 다르기 때문에 공정도 달라진다. BJT는 캐리어의 베이스에서의 확산(diffusion)에 의해서 전류가 형성되며, MOSFET는 채널에서의 캐리어 드리프트(drift)에 의해 전류가 흐른다. 따라서 BJT의 콜렉터 전류는 베이스-에미터 입력 전압에 지수 함수적으로 변화하며,

MOSFET의 드레인 전류는 게이트-소스 입력 전압의 제곱에 비례한다. 이러한 성질에 의하여 BJT의 전류는 MOSFET의 전류에 비하여 입력 전압에 더 민감하여, 즉 트랜스 컨덕턴스가 더 커서 높은 전압 이득과 빠른 스위칭 속도를 낼 수 있기 때문에 더 좋은 트랜지스터라고 볼 수 있다. 그러나 BJT는 MOSFET보다 전류가 많이 흐르기 때문에 전력 소모가 증가하는 단점이 있다. 또한 BJT의 경우 트랜지스터 동작이 일어나는 베이스 영역이 표면에서 떨어진 기판 내부에 위치하며, MOSFET의 동작을 결정하는 채널은 실리콘 기판의 표면에 있다. 이렇게 BJT의 베이스가 표면이 아닌 기판 내부에 위치하는 BJT 구조는 제작공정을 복잡하게 만든다. 결론적으로 BJT는 MOSFET보다 우수한 특성을 가지나 복잡한 구조와 공정으로 인하여 제작 단가가 증가하여 요즈음의 거의 모든 IC들은 MOSFET으로 만든다. 물론 RF와 같은 고속을 요하는 특수한 용도의 경우 BJT가 사용된다.

## 4.4 BJT 구조와 제조공정

MOSFET의 아이디어는 1930년대에 나왔지만 반도체 표면을 깨끗하게 처리하는 기술이 없었기 때문에 표면에서 동작하는 MOSFET을 제작할 수가 없었다. 이러한 이유로 BJT가 MOSFET보다 세상에 먼저 나왔다고 볼 수 있다. 먼저 간단하게 BJT의 구조와 공정을 살펴보자.

BJT는 소자의 동작에 아주 중요한 베이스가 기판 내부에 있기 때문에 그림 4.3, 4.4와 같이 구조와 공정이 복잡하다. 먼저 P형 실리콘 기판 위에 산화막을 형성하고(그림 4.3(a)), 1번 buried-layer 마스크를 사용하여 buried layer 혹은 sub-collector를 정의한다. 산화막은 선택적 확산을 위한 장벽(barrier)으로 사용되는 아주 중요한 물질로서 마스크 작업 전에 꼭 길러져야 한다. 이 buried layer는 BJT의 동작 속도에 영향을 미치는 콜렉터 저항을 줄이기 위해서 사용된다. 다음으로 에피택시 공정을 이용하여 실리콘 웨이퍼 위에 N형 단결정을 성장시킨다(그림 4.3(b)). 에피택시 공정은 원래의 실리콘 웨이퍼와 동일한 좋은 품질의 실리콘층을 만들어 준다. 이 과정 동안 그림 4.2 (b)에서 보는 바와 같이 N+ buried layer의 불순물이 에피층으로 올라오게 된다. 에피택시 공정 이후 다음 공정을 위한 산화막이 다시 길러진다. 2번 격리(isolation) 마스크를 사용하여 깊은 P-확산을

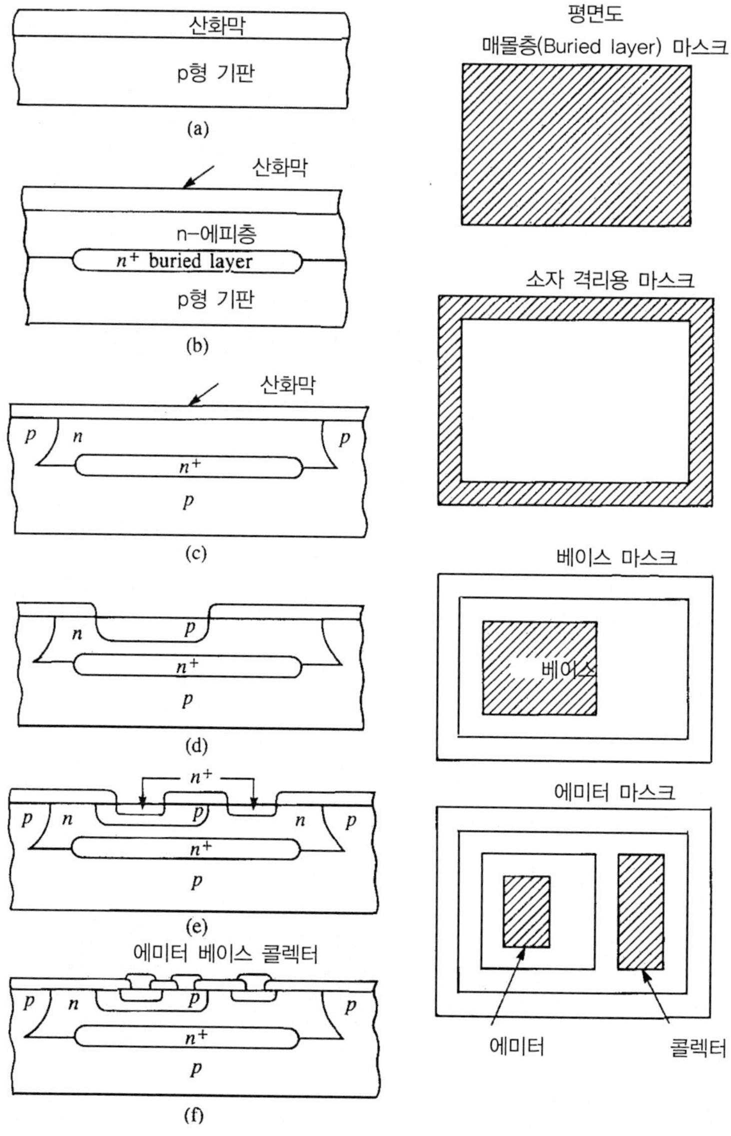


| 그림 4.3 | BJT 주요 공정 단계에서의 단면도와 top view. (a) 산화된 실리콘 웨이퍼, (b) 1번 buried–layer 마스크를 사용한 buried–layer의 선택적 확산, N형 에피택시 성장과 산화, (c) 2번 격리 마스크를 사용한 P형 기판까지 닿는 격리 영역 확산, (d) 3번 베이스 마스크를 사용한 붕소 베이스 확산, (e) 4번 에미터 마스크를 사용한 에미터와 콜렉터 확산, (f) 컨택과 금속 배선 후의 구조(음성 포토레지스트 사용)

위한 윈도우를 열고, P 영역을 정의한다(그림 4.3(c)). 이 깊은 P-영역은 소자와 소자 사이의 전기적인 격리를 위하여 사용된다. 즉, P 영역과 N 콜렉터 사이에 역방향의 전압을 인가하여 전류가 흐르지 않는 전기적인 격리를 해준다. 한 번 더 산화막을 기르고, 3번 베이스 마스크를 이용하여 P형 베이스 영역을 선택적으로 확산한다(그림 4.3(d)). 그 후 산화막을 다시 기르고, 4번 에미터 마스크를 이용하여 N+ 에미터의 선택적 확산을 위한 윈도우를 열고, N+ 에미터를 만든다(그림 4.3(e)). 이때 동시에 N+ 콜렉터 접점(contact)으로 사용될 부분도 만들어진다. 이 N+ 콜렉터 영역은 다음의 금속 배선 공정을 하더라도 좋은 오믹(ohmic) 컨택을 제공해 준다. 마지막으로 마스크 5번, 6번, 7번을 이용하여 컨택 윈도우, 금속 배선, passivation에서 본딩 패드를 열어주기 위한 작업을 해준다(그림 4.3 (f)).

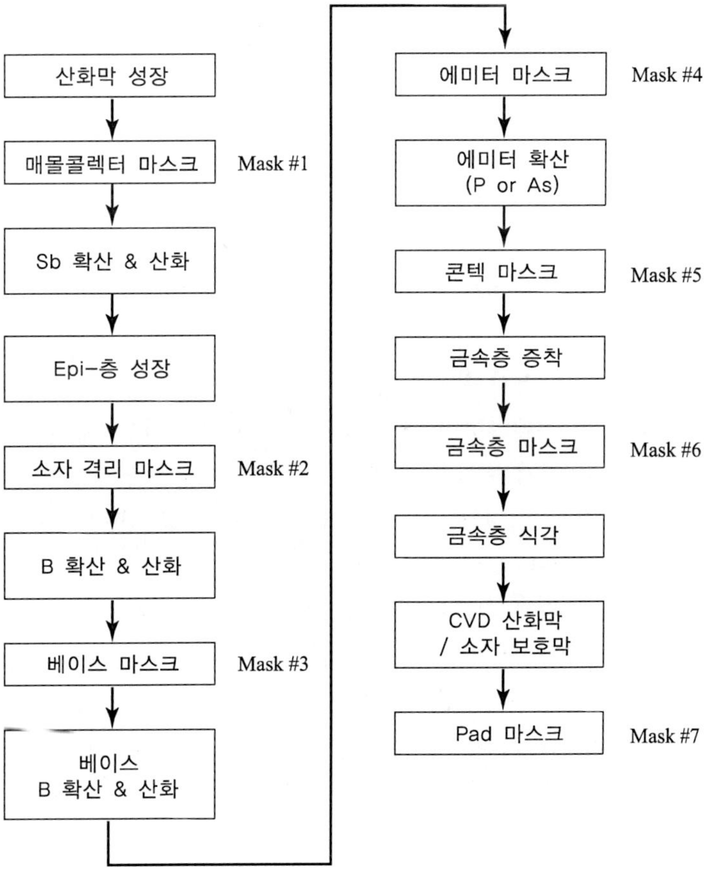


| 그림 4.4 | BJT 공정 순서도

## 4.5 MOSFET 구조와 제조공정

MOSFET는 BJT에 비해서 비교적 구조와 공정이 간단하다. 1950년대에 구조적으로 복잡한 BJT는 제작할 수 있었지만, MOSFET는 아이디어가 나왔지만 제작이 불가능하였던 이유는 표면처리 기술의 문제였다. 그 당시는 표면이 너무 지저분하여, 예를 들어, 표면 전하가 너무 많아서 게이트 전압으로는 채널의 제어가 불가능하였다. 그러나 1960년대에 들어서서 표면을 깨끗하게 하는 공정 기술들이 발전하여 드디어 MOSFET이 제작되고 IC가 출현하게 된 것이다.

N채널 MOSFET(NMOS)의 구조와 공정들이 그림 4.5, 4.6에 나와 있다. 먼저 공정상 필요한 실리콘 나이트라이드 막으로부터 실리콘 표면을 보호하기 위한 산화막을 P형 기판위에 기른다. 실리콘 나이트라이드는 LPCVD 장비를 이용하여 증착할 수 있다(그림 4.5(a)). 이 실리콘 나이트라이드 막은 필드(field, 트랜지스터가 만들어지는 영역을 제외한 나머지 부분으로 트랜지스터 사이를 전기적으로 격리하기 위한 부분) 산화막을 기르는 다음 공정 단계에서 산화를 막기 위해서 사용된다.

1번 액티브 영역 마스크를 사용하여 트랜지스터 영역을 정의한다(그림 4.5(b)). 액티브 영역은 트랜지스터가 만들어지는 영역이다. 웨이퍼 전체를 붕소로 이온 주입하면, 액티브 영역은 나이트라이드/산화막 때문에 붕소가 실리콘으로 주입되지 못하고, 필드 부분만 들어가게 된다. 트랜지스터가 만들어지는 영역을 제외한 나머지 부분에 붕소를 주입하는 이유는 이 부분의 문턱 전압을 올리기 위함이다. 왜냐하면 배선들이 이 부분을 통과할 때, 배선의 전압에 의해 기판이 반전되어 기생 트랜지스터가 동작할 가능성이 있는데 이를 차단하기 위한 목적이다. 물론 이 필드 영역은 다음 공정에서 두꺼운 산화막을 성장시켜 문턱 전압을 더욱 올린다.

다음으로, 필드 부분에 두꺼운 산화막(예, 6000Å)을 기른다(그림 4.5(c)). 이때 나이트라이드/산화막 아래 실리콘은 산화되지 못한다. 이 두꺼운 산화막은 소자와 소자 사이에 존재하여 트랜지스터를 전기적으로 격리(isolation)하는 역할을 한다. 액티브 영역의 나이트라이드/산화막을 에칭한다. MOSFET의 게이트 산화막으로 사용될 얇은 산화막을 성장한다. 이 산화막의 질이 MOSFET의 특성을 좌우하기 때문에 가장 주의를 요하는 공정이다. 그리고 MOSFET의 문턱 전압을 조절하기 위하여 붕소를 이온 주입한다. 이때에도 필드 산화막은 이온 주입에

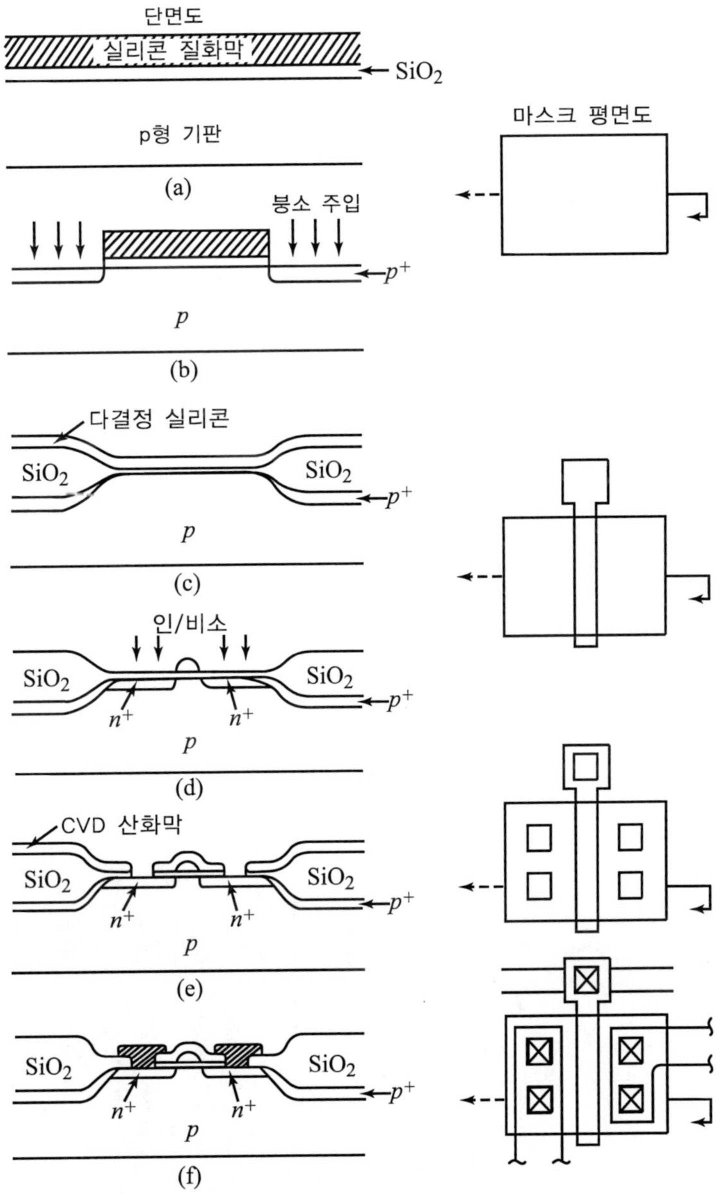


| 그림 4.5 | N채널 MOSFET 주요 공정 단계에서의 단면도와 top view. (a) 산화 후 실리콘 나이트라이드가 증착된 실리콘 웨이퍼, (b) 1번 마스크를 사용하여 소자 바깥 영역(필드)을 에칭한 후, 바깥 부분의 문턱 전압을 올리기 위한 붕소의 주입, (c) 나이트라이드 제거하고, 두꺼운 필드 산화막 기른 후, 폴리실리콘 증착, (d) 2번 마스크를 이용하여 게이트 부분을 정의함, (e) 산화막을 증착하고, 3번 마스크를 이용하여 컨택 윈도우 정의, (f) 금속을 증착하고 4번 마스크를 이용한 배선 패터닝

대한 장벽 역할을 한다. MOSFET 게이트로 사용될 폴리실리콘을 CVD 공정으로 증착한다.

2번 게이트 마스크를 이용하여 폴리실리콘 게이트 영역을 정의한다(그림 4.5 (d)). 게이트 영역을 제외하고는 폴리실리콘을 에칭한다. 다음으로 소스/드레인 영역을 인이나 비소로 이온 주입한다. 게이트 영역은 두꺼운 폴리실리콘이 있기 때문에 불순물이 주입되지 않는다. 고온 어닐링을 통해 이온 주입된 불순물을 깊이 넣음과 동시에 이온 주입할 때 생긴 손상 등을 치료한다.

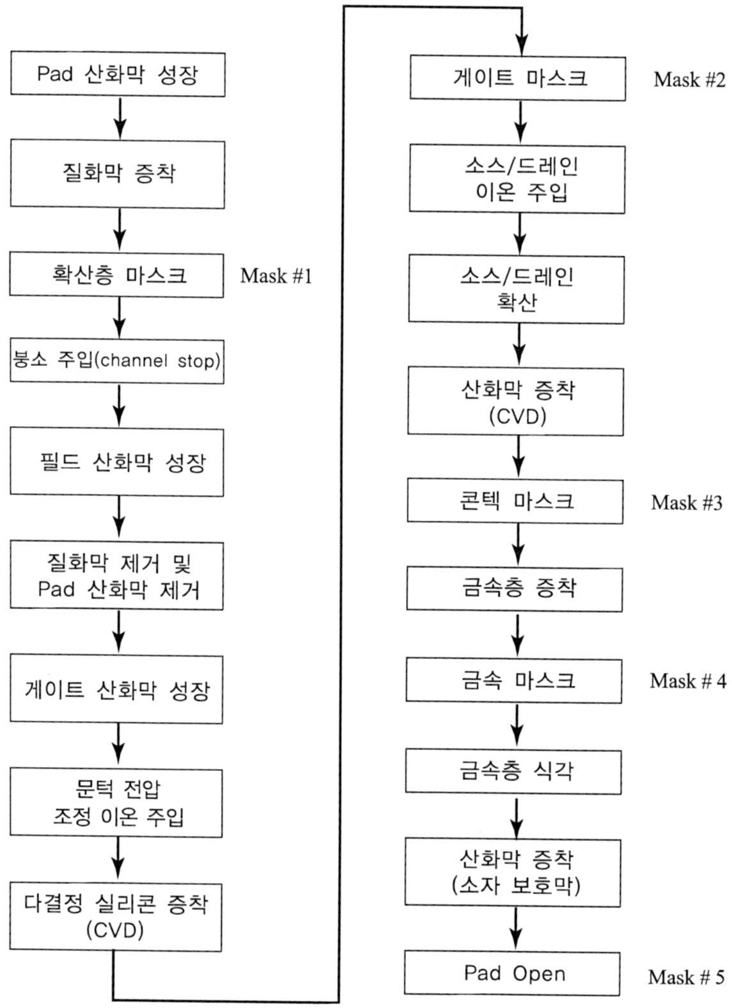


| 그림 4.6 | N채널 MOSFET 공정 순서도

3번 컨택 마스크를 이용하여 소스, 드레인, 게이트 컨택 윈도우를 연다(그림 4.5(e)). 금속을 증착이나 스퍼터링을 통해 증착하고 4번 금속 마스크를 이용하여 배선을 정의한다(그림 4.5(f)). 다음으로 passivation 층을 증착하고 5번 본딩 패드 마스크를 이용하여 본딩 패드 부분을 정의한다.

## 4.6 반도체 소자 주요 공정들

반도체 공정 시에 사용되는 주요 박막들로는 산화막, 금속 필름, 실리콘 나이트라이드, 폴리실리콘 등이 있다. 실리콘 산화막은 MOSFET의 게이트 산화막 혹은 배선과 배선 사이의 절연막의 두 가지 종류가 있는데, 각각 형성 방법이 다르다. 게이트 산화막은 게이트 누설 전류를 적게 하기 위해 질적으로 아주 우수하여야 하는데, 주로 실리콘 웨이퍼를 산소가 있는 1000℃ ~ 1200℃의 고온로(furnace)에 넣어서 형성한다. 배선과 배선 사이의 절연막은 게이트 산화막 만큼 양질이어야 할 필요는 없으며, 주로 웨이퍼의 표면을 가스 상태의 혼합물을 통해서 증착되는 CVD(chemical vapor deposition)라는 기법을 통해서 형성한다. 실리콘 나이트라이드, 폴리실리콘 등의 얇은 막의 증착도 마찬가지로 CVD 공정을 이용한다. 금속 필름은 진공에서 금속을 melting point까지 가열하는 evaporation 혹은 스퍼터링이라는 공정을 통해서도 증착된다.

순수한 반도체에 불순물을 주입하여 전류를 흐르게 하고 소자 동작을 가능하게 하는데, 두 가지 방법이 있다. 첫번째 방법은 도너 및 어셉터 불순물을 고온(1000℃ ~ 1200℃) 확산을 통해서 주입하여 얇은 N형 혹은 P형 반도체 층을 형성하는 것이다. 두번째 방법은 이온 주입으로, 고전압 가속기에 의해서 얻어지는 고에너지 도너 및 어셉터 원소들을 실리콘 웨이퍼에 직접 가격하여 불순물을 강제적으로 삽입하는 방법이다. 이 방법이 간단하여 요즈음 많이 사용하는 공정이다.

그런데 이와 같이 N형 및 P형 반도체를 형성할 때 어려운 문제점 중의 하나는 웨이퍼 전체가 아니고 어떤 특정한 부분만 선택적으로 형성하여야 한다는 것이다. 이때 필요 없는 부분에 대한 불순물 주입을 막기 위해서는 실리콘 산화막, 실리콘 나이트라이드, 폴리실리콘 등의 마스크가 필요하다. 이런 불순물 마스크 물질은 산이나 플라즈마 등을 이용하여 에칭하여 불순물 창을 만든다. 이 창 패턴은 포토 공정을 통해서 마스크로부터 실리콘 표면에 복사된다. 포토리소그라피는 마스크를 제작하는 작업과 마스크 패턴을 실리콘 표면에 복사하는 작업으로 나누어진다. 이 포토리소그라피는 IC 제작에서 아주 중요한 부분이며, 마스크 수가 공정의 복잡성을 말해준다.

이러한 BJT 및 MOSFET과 같은 반도체 소자의 제작에 사용되는 주요 공정들은 다음과 같다.

1. 결정성장 및 웨이퍼 형성
2. 산화
3. 포토리소그라피 및 식각
4. 불순물 주입(확산 및 이온 주입)
5. 박막의 증착(에피택시얼, evaporation, 스퍼터링, 화학 기상 증착)

## 4.7 결정 성장 및 웨이퍼 제작

결정 성장 및 웨이퍼 제작은 다결정 실리콘을 IC 공정하기에 편리한 단결정 웨이퍼를 만드는 공정이다. 모래로부터 추출된 다결정 실리콘은 결정 성장을 통해 단결정 실리콘으로 바뀐다. 실리콘 결정 성장에는 쵸크랄스키 방법과 부유대역 방법이 있으며, 결정 성장 동안 적당한 비율의 불순물이 들어간다. 단결정 실리콘 원통형 막대는 일정한 두께로 자르고, 표면 연마를 통해 웨이퍼로 제작된다.

### 1) 쵸크랄스키 방법(CZ)

실리콘 결정 성장에 주로 사용되는 방법이 CZ 방법이다. 먼저 다결정 실리콘 덩어리를 RF 가열을 통해서 1425℃의 융점 온도로 가열된 흑연로에서 녹인다. 이때 원하는 양의 불순물을 포함시킨다. 녹은 실리콘 표면에 종자 결정(seed crystal)을 접촉시킨 후 천천히 끌어 올린다. 이때 종자 결정과 녹은 실리콘 사이의 표면 장력에 의해 적은 양의 액체가 올라와서 냉각되면 단결정 실리콘의 원통형 막대가 완성된다. 냉각되는 동안 실리콘 원자들은 종자 결정과 같은 배열의 격자 구조를 가진다.

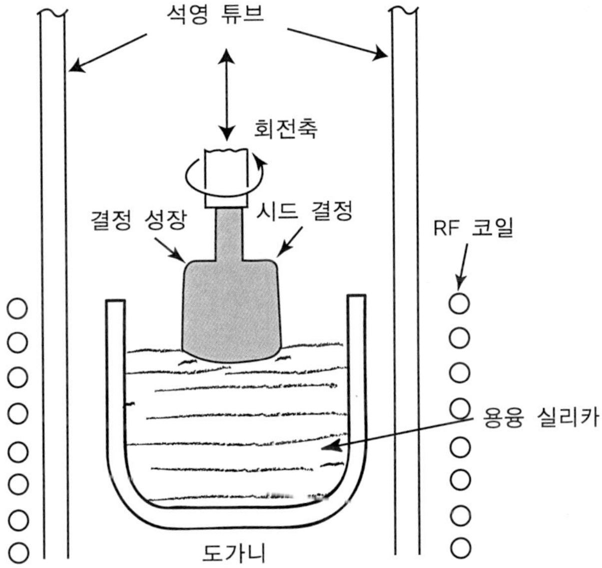


| 그림 4.7 | 쵸크랄스키 방법

그림에서 종자 결정과 흑연로는 도핑을 일정하게 하고 지름을 조절하기 위해서로 반대 방향으로 회전된다. 이러한 방법으로 길이가 1.2 m, 직경이 6 in 이상의 단결정 실리콘을 키울 수 있다.

### 2) 부유대역 방법

쵸크랄스키 방법으로 단결정 실리콘을 성장시킬 경우 소량의 산소가 들어가게 된다. 아주 낮은 산소 함량을 가진 단결정을 성장시키기 위한 방법이 부유대역 방법이다. 다음 그림 4.8과 같이 다결정 실리콘 막대 아래 부분에 결정핵을 붙인다. 가열을 하는 RF 코일을 이동시키면 RF 코일 안쪽의 다결정 실리콘이 녹아서 냉각되면 단결정 실리콘으로 성장된다. 즉, 녹은 실리콘 원자는 결정핵과 같은 배열을 가진 격자 구조로 고형화된다.

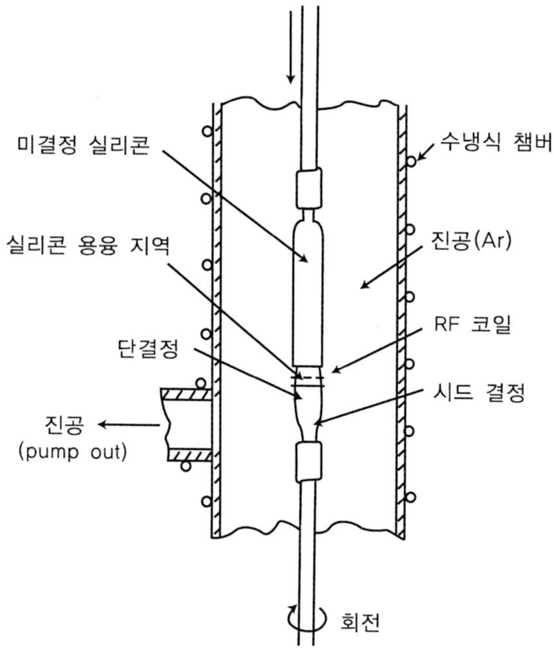


| 그림 4.8 | 부유대역 방법

## 4.8 산화(oxidation)

실리콘의 가장 큰 장점 중의 하나인 산화실리콘($SiO_2$)을 쉽게 얻을 수 있는 것으로 이것을 형성하는 것이 산화 공정이다.

### 1) 산화막의 용도

산화실리콘은 반도체 제조공정 및 소자 동작에서 다음과 같이 아주 중요한 역할들을 한다.

#### ① 표면 보호

실리콘 표면을 산화시킴으로써 오염물이 실리콘에 침투하는 것을 막는다. 또한 산화는 실리콘 표면을 파고 들어가기 때문에 원래 표면에 있던 오염물이 산화층 밖으로 빠져나가 실리콘과 실리콘 산화막 경계에는 오염물이 없어지게 된다.

② 확산 마스킹

불순물을 실리콘 내부로 확산 혹은 이온 주입할 때 일정한 패턴에만 선택적으로 할 필요가 있다. 이때 불순물의 확산 혹은 이온 주입을 막아주는 막으로 실리콘 산화막이 사용된다. 이 과정에서 실리콘 산화막으로도 불순물이 들어가지만 어느 정도 이상의 두께를 유지하면 산화막 아래의 실리콘으로는 불순물의 확산 혹은 주입을 막을 수 있다.

③ 절연막

실리콘 산화막은 실리콘과 달리 에너지 갭이 약 8 ~ 9 eV인 부도체로서 절연막의 역할을 한다. 첫번째로, MOSFET의 경우 게이트는 기판과는 전기적으로 분리되어야 하는데 여기에 실리콘 산화막이 사용된다. 이것을 게이트 산화막이라고 부르는데 50 ~ 100 Å 정도의 아주 얇은 두께를 가지고 있다. 두번째로, MOSFET 소자와 소자 사이를 전기적으로 격리시키는데 약 3000 ~ 5000 Å 정도 두께의 필드(field) 산화막이 사용된다. 세번째로, IC가 복잡해지면서 몇 층의 금속 배선이 필요한데 배선과 배선 사이를 절연시키는 목적으로 실리콘 산화막이 사용된다.

### 2) 산화 과정

실리콘 웨이퍼를 단지 공기 중에 노출시켜도 몇 십 Å 두께의 산화막이 형성된다. 그러나 반도체 소자에 필요한 수 천 Å 두께의 산화막을 얻기 위해서는 900 ~ 1200℃ 정도의 고온 속에서 산소와 결합하도록 두면 훨씬 빠른 속도로 산화막을 만들 수 있다. 이러한 열 산화의 화학식은 간단하다.

$$Si + O_2 \rightarrow SiO_2$$

이와 같이 실리콘과 산소를 반응시켜 실리콘 산화막을 형성하는 것을 건식(dry) 산화라고 부른다. 그리고 산화는 실리콘 원자와 산소가 결합하는 것이므로 산화가 진행됨에 따라 원래의 실리콘 표면 아래로 점점 뚫고 들어가게 된다. 산화가 끝난 후 전체 실리콘 산화막 두께의 46%는 원래 표면보다 아래로 들어가고, 56%는 표면 위에 위치하게 된다.

다음 그림 4.9에 건식 산화 장치가 나와 있다. 건식 산화는 온도가 ± 1/2℃ 범위로 안정화가 유지되는 산화로에서 진행된다. 산화로 주위의 열 코일에 흐르는 전류를 제어하여 일정한 온도를 유지한다. 수정 튜브는 실리콘 카바이드와 같이 고온에 녹지 않는 물질을 만들어져 있다.

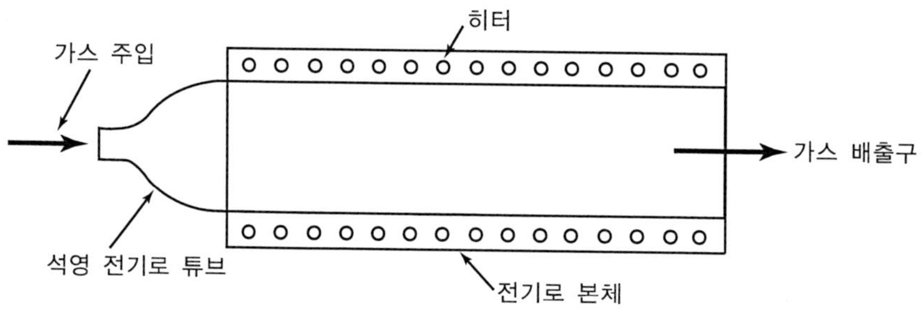


| 그림 4.9 | 건식 산화 장치

위의 건식 산화 방법을 사용하여 1200℃에서 7000 Å의 산화막을 얻기 위해서는 약 10시간 정도가 필요하다. 이 시간을 단축시키기 위해서는 건식 산화의 산소 대신에 수증기($H_2O$)를 사용한다. 아래와 같은 식으로 산화막이 형성된다.

$$Si + 2H_2O \rightarrow SiO_2 + 2H_2$$

이 방법을 습식(wet) 산화라 부른다. 이 습식 산화에서는 물분자가 수소(H)와 수산 이온(OH-)로 나누어지며, OH- 이온이 건식 산화시의 산소보다 분자수가 적기 때문에 훨씬 빨리 움직여서 짧은 시간에 산화막이 형성된다. 그림 4.10은 습식 산화 장치에 수증기를 공급하는 버블러(bubbler) 장치이다.

## 4.9 포토리소그라피(photolithography) 및 식각

포토리소그라피란 웨이퍼위에 우리가 원하는 패턴을 형성하는 공정이다. IC를 제작하기 위해서는 여러 가지의 얇은 박막들이 불순물 확산, 이온 주입에 대한 장벽(barrier), 혹은 전도성 물질과 기판 사이의 절연막으로서 사용된다. 이 얇은 박막에 구멍 혹은 창(window)을 뚫어 불순물을 투입하거나 컨택을 하게 된다. 얇은 박막의 창 패턴들은 마스크란 물질에 그 정보를 가지고 있는데, 이 정보를 박막으로 옮기기 위해서는 포토리소그라피란 공정이 필요하다.

설계한 회로의 레이아웃 데이터인 마스크의 패턴들은 먼저 빛에 민감한 포토

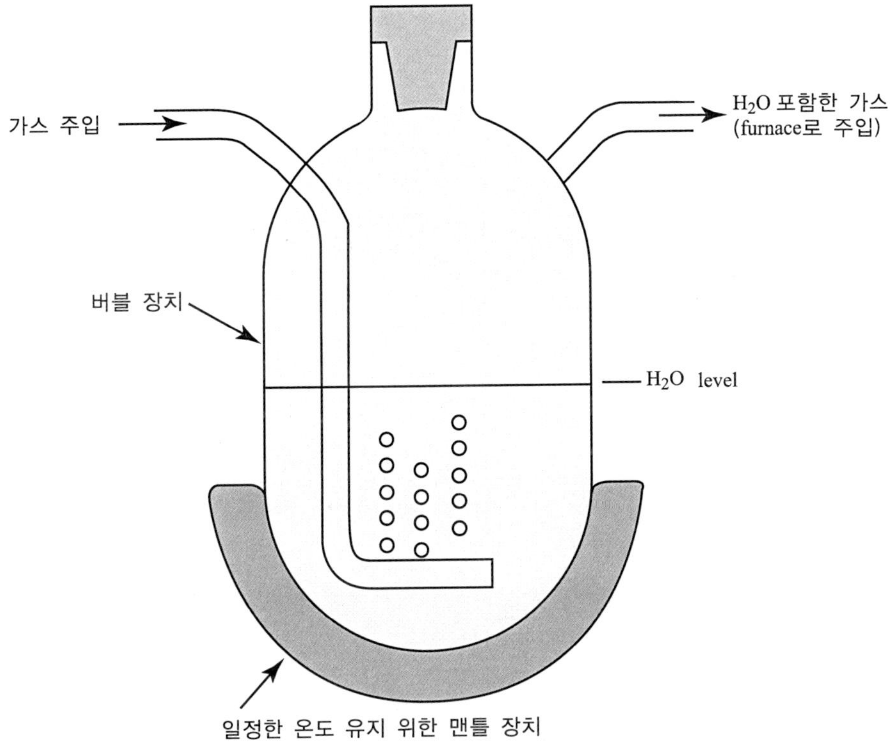


| 그림 4.10 | 습식 산화 장치의 버블러(bubbler)

리지스트에 옮겨지고, 이 패턴들은 다시 화학적 혹은 플라즈마 에칭 공정을 통해서 얇은 박막 물질로 복사된다. 이 마스크 패턴 복사 공정은 여러 가지 공정 스텝을 포함하고 있으며, IC를 제작하기 위해서는 수십 장의 마스크가 필요하다.

그림 4.11에 포토리소그라피 공정 단면도를 보여주고 있다. 먼저 실리콘 기판 위에 산화막을 올리고(그림 4.11(a)) 포토리지스트(양성)를 도포한다(그림 4.11(b)). 그 위에 마스크를 정렬하고 자외선 빛을 쪼인다(그림 4.11(c)). 마스크의 패턴이 없는 부분을 통하여 포토리지스트로 빛이 들어가서 현상 용액에 넣게 되면 빛을 받은 부분이 제거된다(그림 4.11(d)). 산화막을 제거하고 포토리지스트를 제거하면 실리콘 기판 위에 산화막 패턴이 남게 된다(그림 4.11(g)).

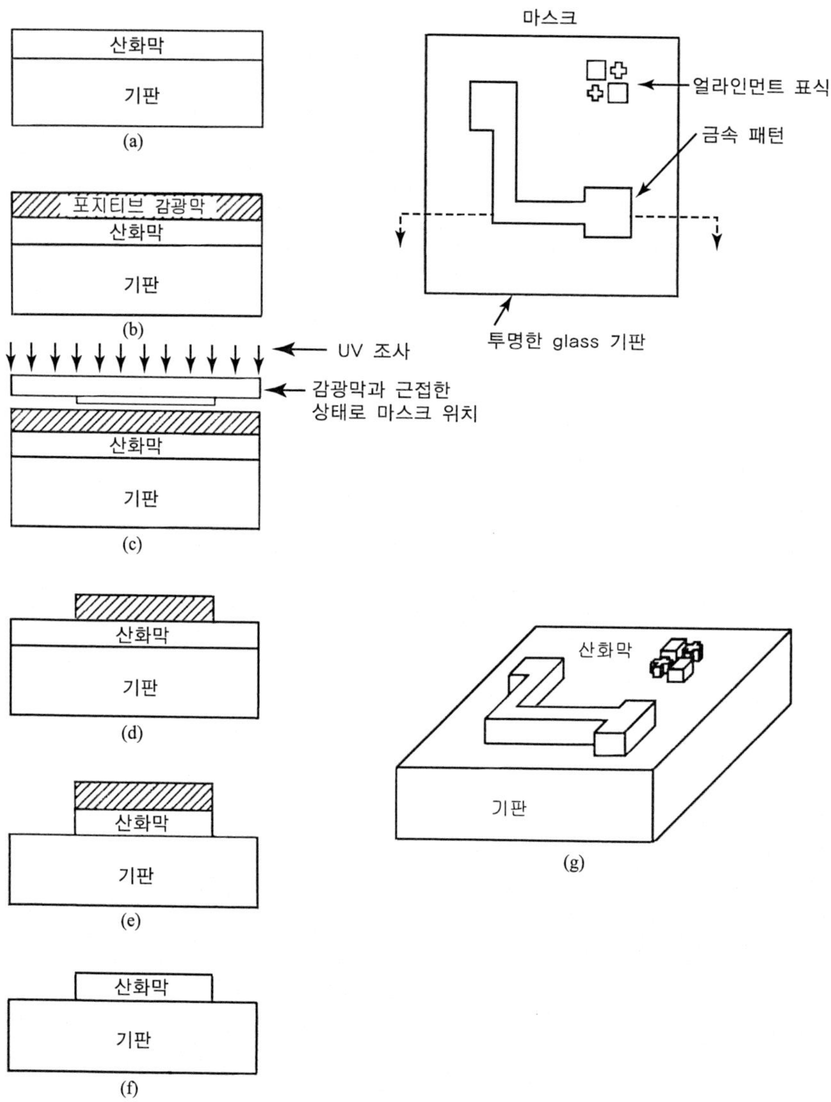


| 그림 4.11 | 포토리소그라피 공정 단면도. (a) 산화막으로 덮힌 기판, (b) 양성 포토리지스트 코팅, (c) 마스크를 정렬하고 빛을 쪼임, (d) 포토리지스트 현상 및 제거, (e) 실리콘 산화막 에칭, (f) 포토리지스트 제거, (g) 부분적으로 산화막을 가진 기판

그림 4.12는 포토리소그라피 공정 순서도를 나타낸다.

(1) **웨이퍼 세척:** 웨이퍼 표면에 존재하는 organic, ionic, metallic 불순물들을 화학적으로 제거한다. HF 용액은 웨이퍼 표면에 형성된 산화막을 제거한

다. 웨이퍼 세척에서 가장 중요한 역할을 하는 것이 DI(deionized) 물이다. DI 물은 ionic, particulate, 박테리아 등의 물질을 제거하기 위하여 고순도로 정수되고 여과된다. 보통 DI 물은 상온에서 약 18 MΩ의 저항을 갖는다.

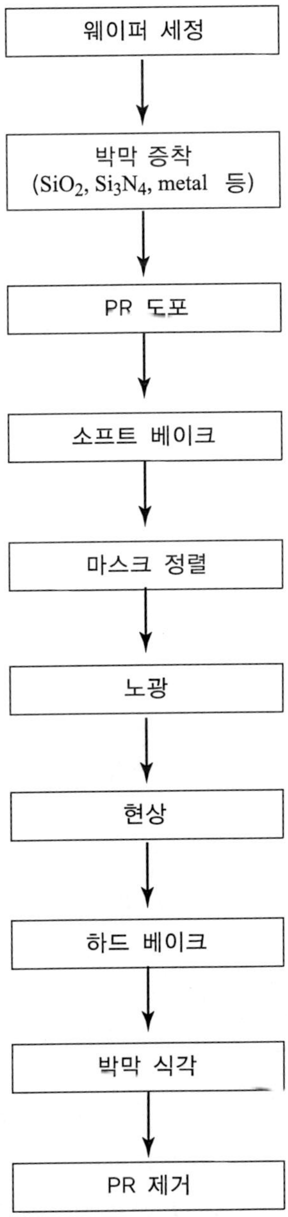


| 그림 4.12 | 포토리소그라피 공정 순서도

(2) **barrier layer 형성:** 웨이퍼 표면의 세척 후에 barrier layer로 사용되는 산화막($SiO_2$), 실리콘 질화막($Si_3N_4$), 폴리실리콘, 포토리지스트, 금속 등의 막을 형성한다.

(3) **포토리지스트 도포 및 건조:** barrier layer가 입혀진 실리콘 웨이퍼 위에 포트리지스트를 밀착성 좋게 균일하게 도포한다. 이렇게 하기 위해서는 실리콘 웨이퍼를 고속으로 회전하여 그 위부터 액상의 포토리지스트를 방울져서 떨어지도록 한다. 원심력에 의하여 포토리지스트의 일부는 웨이퍼 바깥으로 날아가고, 나머지는 웨이퍼에 균일하게 도포된다.

(4) **소프트 베이크:** 포토리지스트 내의 용제를 증발시키는 열처리 공정으로, 베이크 후에도 포토리지스트가 비교적 "소프트"하기 때문에 이러한 명칭이 붙었다. 용제를 증발시키는 이유는 다음의 두 가지이다. 첫째, 용제가 포토리지스트에 남아 있으면 폴리머의 노광에 의한 화학 반응이 방해를 받는다. 둘째, 포토리지스트를 웨이퍼 표면에 잘 붙게 하기 위함이다.

(5) **마스크 정렬:** 마스크를 웨이퍼 위에 정확하게 정렬한다. 첫번째 마스크는 웨이퍼에 정렬할 필요가 없지만, 두번째 마스크부터는 정확히 웨이퍼의 패턴에 정렬해야 한다.

(6) **노광:** 포토리지스트 위의 마스크에 위로부터 자외선을 조사한다. 음성 포토리지스의 경우는 빛이 닿으면 폴리머가 되고(고분자화), 양성 포토리지스트는 빛이 닿으면 다중체가 끊어진다. 노광의 경우에 중요한 것은 패턴의 위치 맞추기이다. 반도체 소자 및 IC가 그림 4.2, 그림 4.4에서 보는 바와 같이 다수의 불순물 영역을 겹쳐서 형성할 필요가 있다. 이것은 흡사 다색의 인쇄와 같다. 전에 인쇄한 색과 위치를 맞추지 않으면 안 된다. 이와 같은 목적을 위하여 여러 가지의 마스크 위치 맞추기 장치가 개발되어 있다. 기본적으로는 포토리지스트가 감광치 않도록 긴 파장의 빛으로 마스크의 패턴을 실리콘 웨이퍼 위에 비추는 것이다.

(7) **현상, 건조:** 보통 사진 현상의 경우는 필름보다 사진을 크게 해야 하나, 포트리지스트의 경우는 그럴 필요는 없고 빛이 닿지 않는 부분의 포토리지스트를 녹여 제거한다(음성 포토리지스트). 즉, 빛을 받은 부분의 포토리지

스트가 분자 사이의 체인을 형성하여(polymer) 식각 용액에 녹지 않고 남게 된다. 이어서 하드 베이크(hard bake 또는 post bake) 과정에서 포토리지스트를 건조시켜 웨이퍼와의 밀착을 좋게 한다.

(8) **에칭 윈도우:** 포토리지스트가 제거된 부분의 실리콘 산화막을 제거하는 작업으로, 산화막의 에칭 액으로 불산계의 약품이 사용된다.

(9) **포토리지스트 제거:** 사용을 마친 포토리지스트를 최후로 제거하는 단계이다. 약품으로 제거하는 방법과 웨이퍼를 가열하여 혹은 가스 반응으로 태워 버리는 방법 등이 있다.

## 4.10 불순물 주입

반도체 소자를 만들기 위해서는 수평 및 수직으로 선택적인 불순물 주입이 필요하다. 수평으로는 포토리소그라피 및 식각을 통해서 일정한 패턴 부분만 불순물을 주입하며, 수직으로는 불순물 주입 공정을 할 때 시간, 온도 혹은 불순물 이온들의 에너지를 변화시켜 선택적인 불순물을 주입한다. 불순물 주입에는 불순물 확산 및 이온 주입의 두 가지 방법이 있다. 불순물 확산은 전통적인 방법이며, 최근에는 주로 이온 주입 방법을 이용한다.

### 1) 불순물 확산

확산은 자연현상으로서 극히 기본적인 것이며 일상생활에도 널리 발견된다. 예를 들어, 컵에 있는 물에 잉크를 한 방울 떨어뜨린 경우를 생각해 보자. 이 경우 아무리 조심스럽게 잉크를 떨어뜨려도 잉크는 점점 퍼져 끝내는 컵 전체의 물이 같은 농도의 잉크 색으로 변한다. 그 이유는 잉크 및 물의 분자가 불규칙한 열운동을 하기 때문에 잉크의 입자 중에는 농도가 짙은 쪽에 가는 것도 있고 얕은 쪽으로 가는 것도 있어 결국 많은 운동 후에는 완전히 균일하게 분포하게 된다. 이와 같이 확산에 의한 입자의 흐름은 입자의 농도의 기울기에 비례한다. 즉, 물에 잉크를 떨어뜨린 경우 농도의 기울기가 급하여 급속히 입자는 컵 전체에 퍼져나가 잉크 분자의 농도의 기울기가 균일하게 되어 흐름은 멈춘다. 그러나 균일화되면 열운동이 정지하는 것은 아니고 양쪽 방향으로 이동하는 입자의 수가 같아져, 평균적으로는 입자가 교환되었을 뿐 농도의 이동은 일어나지 아니한다. 자연 중의 확산 운동으로 옛날부터 가장 많이 연구되고 있는 것이 열의 확산이다. 열은 원자의 열운동의 전파에 의하여 이동하는 것이다.

반도체 내의 불순물의 확산은 열확산과 동일한 수식을 적용하여 풀 수 있다. 실리콘 소자를 만들기 위해서는 특정한 부분만 불순물 확산을 할 필요가 있다. 이러한 불순물의 선택적 확산을 위하여 실리콘 산화물이 이용한다. 즉, 대부분의 불순물의 확산은 실리콘 내부보다 실리콘 산화막 내에서 확산이 늦기 때문에 비교적 엷은 실리콘 산화막에 의하여 불순물의 통과를 멈출 수가 있다.

불순물 확산의 실제 예를 그림 4.13에 표시하였다. 실리콘 웨이퍼는 오물이 혼합되지 않도록 고순도의 석영관에 넣어 전기로에서 가열된다. 이와 같은 전기로는 확산로라 부르고 20년 가까운 개량의 역사에 의하여 지금은 아주 우수한 품질의 전기로가 사용되어지고 있다. 품질의 우수성은 온도의 분포와 안정도이며 사용 온도 섭씨 1000℃ 이상에서 0.1도 이내의 오차로 유지되고 있어 이것에 의하여 불순물 확산의 깊이가 일정하게 되는 웨이퍼를 반복적으로 생산할 수 있다.

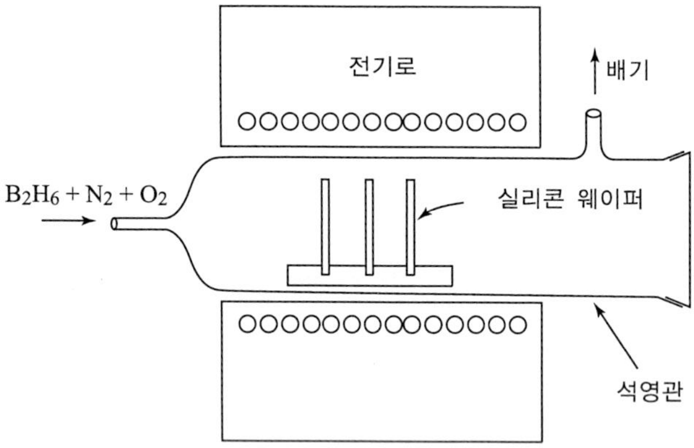


| 그림 4.13 | 확산 공정(전기로 등의 장치)

불순물의 주입은 그림 4.13의 예와 같이 붕소와 수소의 화합물인 디보란($B_2H_6$)이란 가스를 질소 가스($N_2$)에 의하여 묽게 하여 보낸다. 실리콘의 표면은 엷은 실리콘 산화막이 덮여 있어 안정된 불순물 확산이 이루어진다. 확산은 앞서 이야기한 바와 같이 농도 기울기에 의하여 일어난다. 따라서 불순물 확산 후

에는 실리콘 표면의 농도가 최대이며, 표면부터 내부에 들어감에 따라 농도는 감소한다.

그림 4.14에 불순물 확산의 예를 보여주고 있다. 이 예는 섭씨 1100℃에서 붕소를 한 시간 확산한 경우이다. 그림에서 알 수 있듯이 표면에서 농도가 제일 높으며, 표면 농도의 천분의 일로 농도가 엷어지는 깊이가 1 ㎛이다.

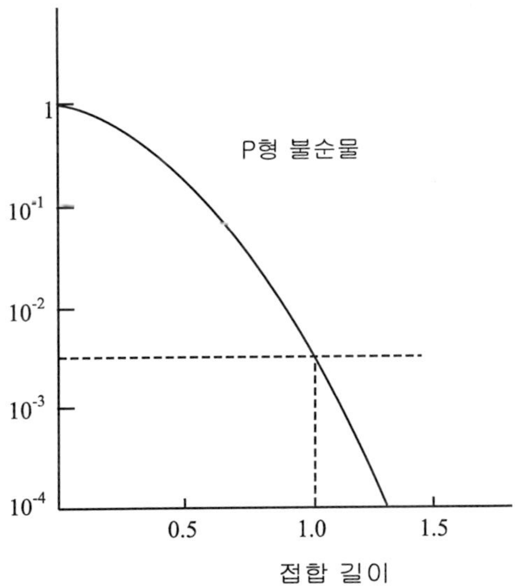


| 그림 4.14 | 불순물 확산에 의한 불순물 분포

확산 온도의 정확도는 앞에서 기술한 바와 같이 0.1℃ 이내이고, 확산 시간도 1시간 정도이기 때문에 동일한 조건으로 확산 과정은 쉽게 얻어진다. 확산은 이와 같이 불순물 농도와 깊이 제어의 어려움을 가지고 있는 합금에 비하여 재현성이 우수하여 확산이 반도체 공정의 기본 기술로 자리 잡아 왔다.

위의 그림에서 기판으로 사용된 N형 불순물의 농도와, 확산된 붕소와 같은 P형 불순물의 농도를 비교하면 어느 깊이에서 PN 접합이 이루어지는가를 알 수 있다. 점선은 그 예를 표시한 것으로, P형 불순물의 표면 농도의 약 1/300 정도가 기판 농도일 때 PN 접합은 표면부터 약 1 ㎛의 곳에서 접합면이 형성된다. 이렇게 하여 불순물의 선택 확산은, 실리콘 표면과 같은 수평 방향은 포토리소그라피 기술에 의하여 결정되며, 깊이 방향은 확산 현상의 재현성에 의해서 PN 접합의 위치를 정확하게 제어할 수 있게 되었다. 그러나 확산은 한 가지 단점을 가지고 있다. 확산에 의한 불순물의 분포가 깊이 방향으로 갈수록 감소하는 것만 가능하고, 증가하거나 혹은 임의의 불순물 분포는 불가능하다. 임의의 불순물 분포를 가능하게 하는 반도체 공정이 에피택시얼 성장이다.

### 2) 이온 주입

불순물 확산과는 조금 다른 불순물 주입 방법이 이온 주입이다. 이 방법은 불순물을 정전하를 가진 이온으로 만들고 이것을 고전계로 가속하여 강제적으로 반도체에 주입하는 것이다. 이온 주입의 원리도를 그림 4.15에 표시하였다. 즉, 불순물은 고주파 방전 등에 의하여 이온화되고 고전계에 의하여 가속된다. 필요한 이온만을 선택하기 위하여 이온의 궤도를 굽게 하는 마그네트를 사용한다. 이때 굽은 회전 반경은 그 이온의 질량에 비례하므로 필요한 불순물만 선택하는 것이 가능하다. 이 선택된 불순물 이온은 편향계에서 방향을 바꾸어 시료 전면에 주입된다.

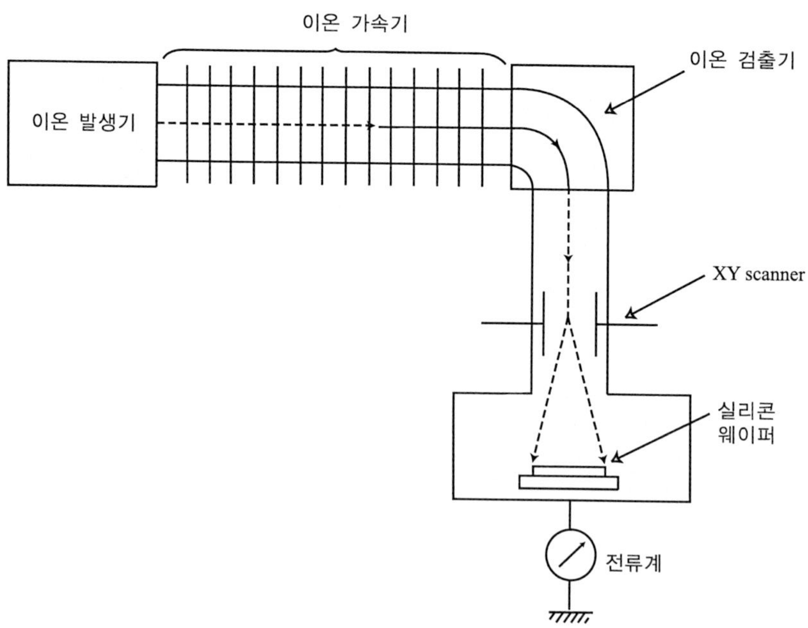


| 그림 4.15 | 이온 주입 원리도

이온 주입의 특징은 주입되는 불순물량을 전류계로 측정하여 계산할 수 있으며, 재현성이 우수하다는 것이다. 또한, 비교적 저온에서의 불순물 주입이 가능하며, 이온 주입 후 불순물의 전기적 활성화와 이온 주입 후에 생긴 실리콘 원자의 결함(defact) 등을 제거하기 위하여 열처리를 하는데 이온 주입에 의한 불순물 분포가 흐트러짐이 없어야 한다는 것이다. 즉, 이온 주입은 실리콘 결정에 불순물 원자를 고속으로 삽입할 때 실리콘 결정 배열이 깨어진다. 이러한 결정 배열의 이탈을 원래로 돌리기 위해서 열처리가 필요하다. 이 열처리를 어닐링(annealing)이라고 부르고 있으며, 어닐링에 필요로 하는 온도는 불순물 확산에 필요로 하는 온도보다 훨씬 낮기 때문에 불순물 분포는 거의 변화가 없다.

## 4.11 박막의 증착(혹은 성장)

반도체 소자를 만드는 공정에는 여러 가지의 박막들이 필요하다. BJT의 콜렉터 영역으로 사용되는 에피택시얼(epitaxial) 성장, MOSFET 게이트 혹은 BJT의 에미터 영역으로 쓰이는 다결정 실리콘(polysilicon) 성장, MOSFET의 게이트와 기판 사이의 절연막으로 사용되는 게이트 산화막, 배선과 배선 사이의 절연막으로 사용되는 산화막, 불순물의 확산 및 산화를 막아 주는 실리콘 나이트라이드, 소자와 소자 사이의 연결 배선으로 사용되는 알루미늄, 구리 등 다양하게 많다. 표 4.2에 이러한 여러 가지 박막들을 공정 및 용도별로 분류하였다.

| 표 4.2 | 여러 가지 종류의 박막

| 분류 | 산화 | 화학 기상 증착 | 증착 | 스퍼터링 |
|---|---|---|---|---|
| 절연체 | 실리콘 산화막 | 실리콘 산화막<br>실리콘 나이트라이드 | | 실리콘 산화막 |
| 반도체 | | 다결정 실리콘<br>에피택시얼 | | |
| 도체 | | | 알루미늄<br>구리<br>니켈<br>금 | 알루미늄 |

### 1) 증착(evaporation)

반도체 소자와 소자 사이의 배선으로 사용되는 금속막을 형성하는 방법으로 증착과 스퍼터링(sputtering)이 있다. 그 중에서 증착은 가장 오래된 기술 중의 하나이며, 알루미늄이나 금을 외부의 에너지에 의해 가열시켜서 실리콘 웨이퍼 표면에 얇은 박막을 형성하는 공정이다. 증착 공정은 증착된 물질의 조성비를 조절하기 위해 진공에서 진행한다. 그림 4.16(a)는 증착 장치를 보여주고 있으며, ~$10^{-5}$ torr 정도의 아주 낮은 압력에 견디도록 원형으로 설계되고, 수정이나 스테인레스강으로 만들어진 용기인 벨자(bell jar)와 외부 가열 장치 등으로 구성되어 있다. 금속을 증발시키기 위해 필요한 외부 에너지는 그림 4.16(b)에서 보는 것처럼 1) 필라멘트(filament), 2) 전자빔(E-Beam), 3) 플래쉬(flash) 등의 방법에 의해 공급한다.

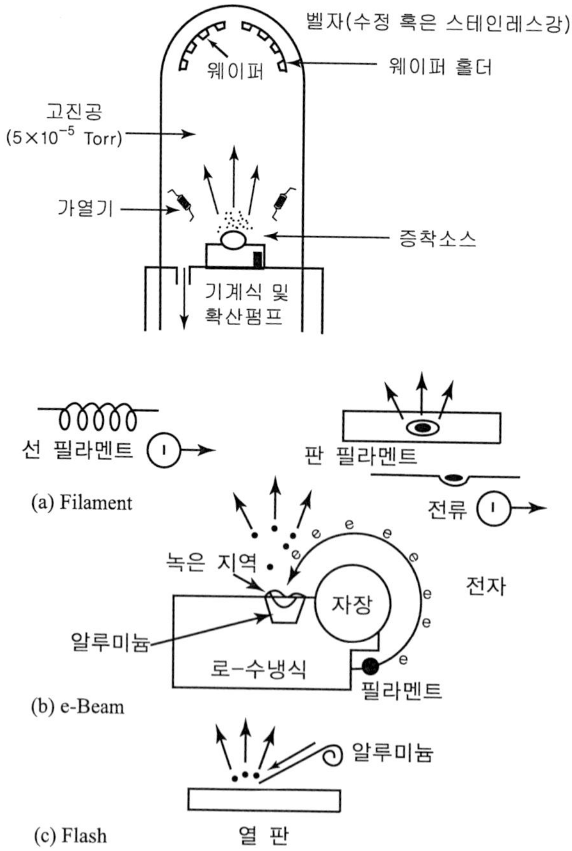


| 그림 4.16 | 증착의 원리. (a) 증착 장치, (b) 증착에 필요한 에너지 공급 방법

### 2) 스퍼터링(sputtering)

또 다른 박막 증착 방법 중의 하나는 스퍼터링이다. 스퍼터링은 배선으로 사용되는 금속 및 실리콘 산화막 등을 증착하는 데 사용된다. 앞의 진공 증착과는 달리 금속 물질을 가열하여 증발시키지 않고 물리적인 방법으로 물질의 막을 쌓는 방법이다. 스퍼터링은 금속뿐만 아니라, 합금 또는 실리콘 산화막과 같은 절연체의 막을 만들 수도 있다. 그림 4.17은 스퍼터링 장치 및 원리를 나타낸다. 스퍼터링 시스템은 가스 소스, 진공 시스템, 적층 반응실 등으로 구성되어 있다. 그림 4.17(b)와 같이 스퍼터링 원리는 다음과 같다. 강한 에너지를 갖는 이온화된 아르곤을 스퍼터링할 물질로 구성된 타겟에 부딪히면, 타겟은 떨어져 나와 웨이퍼에 쌓인다. 이온화된 아르곤은 양성 전하를 가지며, 타겟은 음성 전하를 띠고 있다.

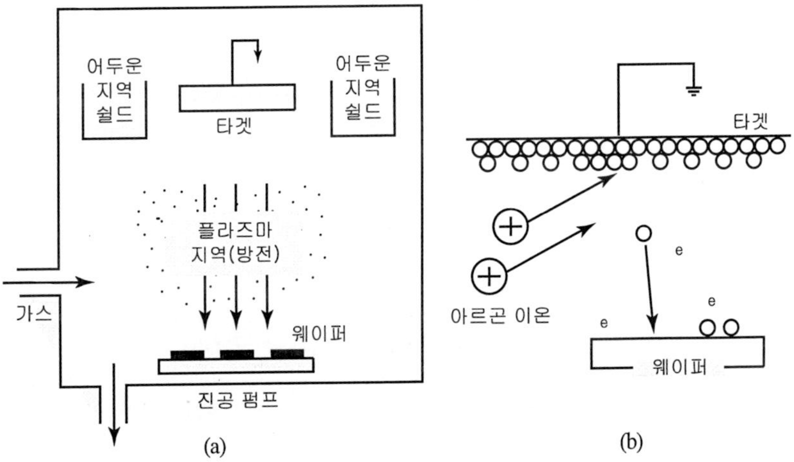


| 그림 4.17 | 스퍼터링 원리. (a) 장치, (b) 원리

### 3) 화학 기상 증착(CVD: chemical vapor deposition)

화학 기상 증착은 적층할 물질이 포함된 기체 상태의 화합물을 분해한 후 화학적인 반응에 의해 기판 위에 적층하는 기술이다. 그림 4.19는 화학 기상 증착의 원리도를 나타낸 것으로, 먼저 적층될 물질 원자를 포함한 화학 물질이 반응실로 들어간다. 반응실에서 가스 상태의 화학 물질이 다른 가스와 반응하여 원하는 물질이 만들어져서 실리콘 기판에 적층된다. 원하지 않는 부산물들은 배출

된다.

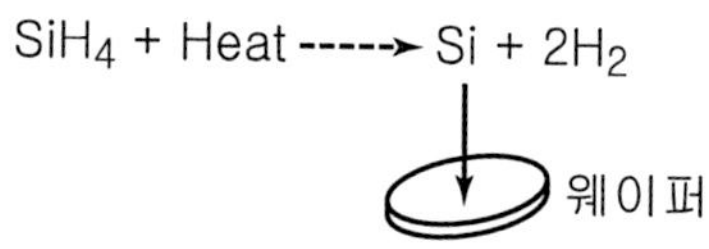


| 그림 4.18 | 폴리 실리콘 CVD

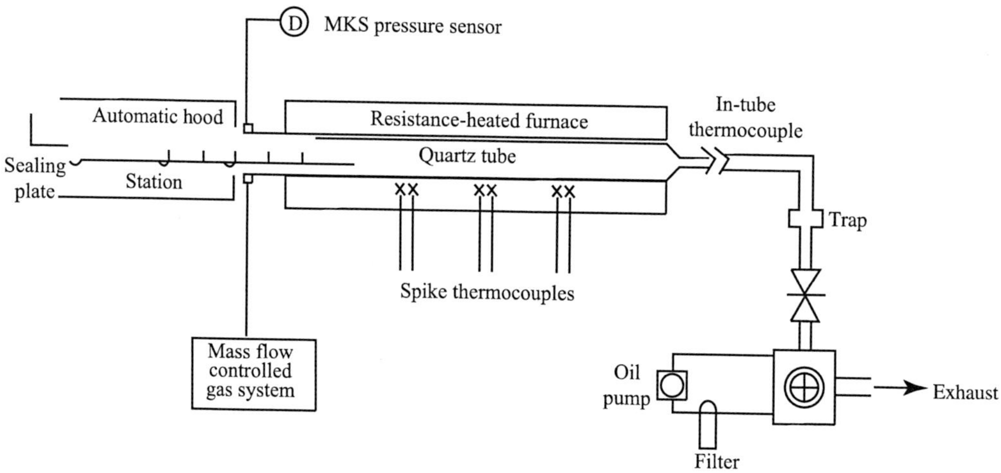


| 그림 4.19 | 화학 기상 증착 장치

| 표 4.3 | 화학 기상 증착으로 적층되는 물질들

| 분류 | 물질 |
|---|---|
| 절연체 | $SiO_2$<br>$Si_3N_4$<br>도핑된 실리콘 산화막(PSG, BSG) |
| 반도체 | 단결정 실리콘<br>다결정 실리콘<br>게르마늄<br>갈륨비소 |
| 도체 | 알루미늄<br>니켈<br>금<br>텅스텐 |

### 4) 에피택시얼

에피택시얼은 화학 기상 증착 중의 한 방법이다. 불순물 확산에서는 항상 불순물 농도가 표면에서부터 내부로 들어갈수록 감소한다. 반대의 불순물 분포는 만들 수 없다. 즉, 실리콘 결정의 내부 불순물 농도를 높게 할 수는 없다. 그림 4.3의 BJT 단면도와 같이 콜렉터 아래와 같이 N+ 영역(N+, N, N-는 각각 N 타입의 불순물 농도가 높음, 중간, 낮음을 나타냄)을 불순물 확산의 방법으로는 불가능하다. 그러나 에피택시얼 방법으로는 가능하다(이온 주입 방법도 가능). 에피택시얼 어원은 그리스어로서 arranged upon의 의미로서 한쪽 방향으로 원자들이 배치되어 있는 단결정 기판 위에, 또다시 원자들을 같은 방향으로 연속으로 배치하는 공정 방법이다. 즉, 에피택시얼 성장은 원자들을 표면으로부터 넣는 것이 아니고 결정을 성장시키는 것으로, 원리적으로는 임의의 불순물 분포가 가능하며, 그림 4.3과 같이 고농도의 불순물 분포를 실리콘 결정 내에 가두는 것도 가능하다. 그림 4.3의 BJT 구조에서 소자와 소자 사이의 전기적인 격리를 위하여 사용하는 P형 영역(deep collector)은 다음과 같이 만들어진다. 먼저 P형 기판에 buried collector 영역으로 사용되는 N+ 영역을 선택 확산하며, 그 위에 N 영역을 에피택시얼 성장한다. 그리고, N+ buried collector 좌우 부분은 P형 불순물로 표면으로부터 선택 확산하면 그림 4.3과 같은 BJT의 구조가 만들어진다. 즉, 에피택시얼 성장에서는 꼭 눈이 내려 쌓이듯이 아래에 어떠한 불순물을 내포하는 영역이 있어도 그 위에 순수한 눈을 내려 싸이게 할 수도 있으며, 또한 내리는 눈이 어느 한 순간만 불순물을 가지고 있다면 그 순간에 성장하는 층에만 불순물이 함유된다. 그러므로 에피택시얼 성장에 있어서는 성장하는 실리콘에 시간적으로 불순물의 혼합 방법을 바꾸면 원리적으로는 임의의 불순물 분포가 가능하게 된다.

에피택시얼 성장의 공정 과정이 그림 4.20에 나와 있다. 사염화규소($SiCl_4$)를 수소($H_2$)에 희석하여 고주파 가열에 의하여 1000℃ 이상 가열된 실리콘 웨이퍼의 위에 보낸다. 이 높은 온도에서는 사염화규소는 수소에 의하여 환원되어 실리콘이 가열된 실리콘웨이퍼 위에 성장되는 것이다. 불순물에 의한 도핑을 하기 위해서는 불순물의 염화물을 혼합하여 사염화규소와 같이 보내면 된다.

에피택시얼 성장 이외에 고진공에서 실리콘을 전자 빔으로 증착하는 방법 등이 있다. 기판과 같은 축 방향의 단결정을 성장하는 점은 에피택시얼 성장과 같다고 할 수 있다. 따라서 에피택시얼 성장에서는 기판으로 단결정의 웨이퍼가 필요하며 그 단결정 면적 이외의 곳에서는 성장이 되지 않는다.

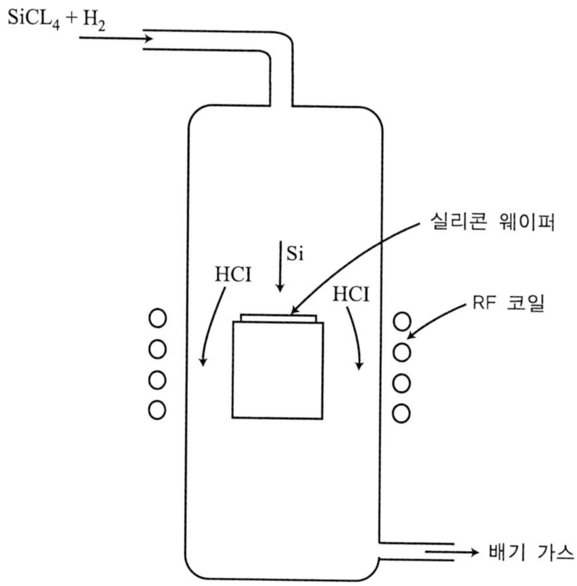


| 그림 4.20 | 에피택시얼 원리도

CHAPTER

# 5

# IC와 고집적화

인류는 수많은 기술들을 발전시키면서 한걸음씩 미래를 향해 나아가고 있다. 그 수많은 기술 중에서, 우리 일상생활을 가장 많이 바꾸어 놓은 발명품을 꼽는다면, 트랜지스터(transistor), 즉 반도체 소자(semiconductor device)가 될 것이다. 반도체 트랜지스터의 발명은 집적 회로(IC: Integrated Circuit)의 실용화로 이어졌고, 고집적(high integration) IC와 고속 전자소자 및 반도체 레이저 다이오드(LD: Laser Diode)의 상용화는 정보통신 기술의 급속한 발달을 가져다주었다. 현재 우리 가정의 안방을 차지하고 있는 개인용 컴퓨터(PC: Personal Computer)는 지난 반세기동안 이룩한 반도체 기술의 결정체로서, 메모리 소자(memory device)와 마이크로프로세서(microprocessor)에 대한 집적 기술의 발전 없이는 이룩될 수 없었을 것이다. 또한, 우리가 가장 흔하게 그리고 친근하게 접할 수 있는 휴대폰 단말기는 반도체 IC 기술, 멀티미디어 기술, 통신 기술 등이 하나로 집약된 21세기 최고의 히트 상품이라고 말할 수 있다. 특별히, 휴대용 장치들의 발전은 배터리와 크기문제를 생각할 때, IC 기술의 발전 없이는 불가능했을 것이라고 해도 과언이 아니다. 그 만큼 이제는 반도체를 뺀 현대 사회는 상상할 수 없을 정도로 이미 우리 일상생활 깊숙이 자리 잡고 있다. 본 절에서는 IC의 역사와 IC 회로에 대한 소형화의 필요성 및 이점, 그리고 서브마이크론 시대와 나노 기술 트랜지스터에 대해서 이야기한다.

## 5.1 집적 회로(IC)의 자취

### 1) 진공관의 발명

1883년, 에디슨은 중요한 실험에 성공했다. 그것은 진공(進空: 공기가 없는 상태) 속에서는 서로 떨어져 있는 두 금속 사이에도 전류가 흐를 수 있다는 것을 밝혀낸 실험이었다. 존 플레밍(John Fleming, 1849~1945)은 여기서 힌트를 얻어 그 이름을 과학사에 길이 남기게 된 발명가가 되었다. 그는 1904년 맨 처음 2극 진공관을 세상에 내놓은 사람이다. 만일 진공관이 발명되지 않았다면 우리는 지금도 어둠 속에서 살고 있을 것이다. 진공관은 라디오나 텔레비전만을 가능케 한 것이 아니고, 오늘날 우리가 조명등으로 쓰는 모든 종류의 전구도 진공관의 한 종류이기 때문이다. 플레밍의 2극 진공관은, 가운데에 필라멘트와 얇은 금속판을 약간 띄어 놓은 것으로 전기가 필라멘트를 뜨겁게 하면 여기서 전자가 튀어나와 금속판에 들어가 전류가 흐르도록 한 것이다. 어떤 발명이든 처음이 어렵지 한 번 만들어지고 나면 더 좋은 쪽으로 개량되는 것은 빠르고 쉽다.

### 2) 3극 진공관

1906년에는 미국 리 드 포레스트(Lee de Forest, 1873~1961)가 3극 진공관을 발명했다. 3극 진공관은 2극 진공관과 달리 양극(+)과 음극(−) 사이에 전류가 어느 한 쪽으로만 흐르도록 해주는 얇은 칸막이 판이 있다. 이 판이 전류의 폭을 키워주므로, 우리가 소리를 크고 정확하게 들을 수 있게 해준다. 흐르는 물을 막고 조금만 틔워주면 물살이 더 세차게 빠져나가는 것과 같은 이치이다. 이처럼 증폭(增幅: 전류를 강하게 하여 소리를 크게 하는 일)이 가능한 3극 진공관은 소리를 10~100배까지 크게 할 수 있을 뿐 아니라, 회로(回路: 전류가 흐르는 길)를 꾸미기에 따라서는 커진 전류를 다시 2단계 · 3단계로 크게 할 수가 있다. 진공관이 증폭 기능을 가지므로 인해 오늘날과 같은 전자 시대를 열었다 해도 무리가 아니다. 다시 말하면, 2극 진공관으로도 라디오를 만들 수는 있었지만, 수백만 가정이 필요로 하는 엄청난 전파를 다 보낼 수 없으므로 제대로 된 소리를 받아들이기 위해서는 3극 진공관(그림 5.1)이 필요했던 것이다. 그래서 3극 진공관이 퍼진 뒤 12년 사이에 5백 개가 넘는 라디오 방송국이 생겨, 20세기의 문화를 바꾸어 놓았다. 소리가 나지 않고 화면만 나오는 무성영화에서 소리가 나는 유성영화로 바뀐 것도 진공관 덕택이었고, 에디슨의 축음기는 더 맑고 깨끗한 소리를 내는 하이파이 축음기로 바뀌었다. 2차 대전이 끝날 무렵까지 진공관은 TV, 레이더, 컴퓨터 개발에 없어서는 안 될 물건이 되었고, 오늘날에는 X선을 만들고 인공위성에 신호를 보내는 데도 쓰이고 있다.

| 그림 5.1 | 3극 진공관

### 3) 최초의 컴퓨터 ENIAC

20세기 전반 반세기를 주도하였던 진공관 기술이 만들어낸 마지막이자 최대의 걸작품은 1946년에 완성된 그림 5.2에 보여주는 최초의 컴퓨터 ENIAC(Electronic Numerical Integrator and Computer)이다. ENIAC은 1초에 5,000개의 숫자를 더할 수 있고 임의의 탄도를 30초 내에 계산해 낼 수 있는 연산 능력을 가지고 있는, 당시의 상황에서는 초인적인 능력을 소유하고 있는 기계였다. ENIAC 컴퓨터 시스템은 17,468개의 진공관이 사용되었고, 부피와 무게는 각각 437 $m^3$, 27,000 kg으로 174 kW의 전력을 소비하는 거대한 장치였다. ENIAC의 발명 이후 약 반세기가 지난 지금의 컴퓨터가 부피와 무게뿐만 아니라 전력 소모, 동작 속도, 연신 능력 등이 기하급수적으로 향상될 수 있었던 엄청난 과학기술적 사건은 과연 무엇이었을까?

| 그림 5.2 | 최초의 컴퓨터 ENIAC

### 4) 트랜지스터의 등장

ENIAC이 선보인지 1년이 채 지나지 않은 1947년 12월, 벨(Bell) 연구소의 존 바딘(John Bardeen, 1908-1991), 월터 브래튼(Walter H. Brattain) 윌리엄 쇼클레이(William B. Shockley)는 Ge 반도체를 이용하여 유리 진공관과 동일한 특성을 보여주는 작고 가벼운 고체 트랜지스터를 발명하게 된다(그림 5.3 참조). 현대의 반도체 시대는 이렇게 1947년 크리스마스 캐럴과 함께 조용히 시작되었다. 이들은 이 탁월한 업적을 바탕으로 1957년 노벨 물리학상을 수상하기까지 한다. 그러나 실제 트랜지스터는 조금 더 빨리 세상에 선보일 수 있었다. 진공관과의 결별이 멀지 않은 것처럼 느껴졌던 1940년대 초엽 2차 대전으로 말미암아 벨연구소의 대부분의 연구원은 전쟁과 관련된 분야에서 일할 수밖에 없었고 결국은 전쟁이 끝난 1945년에 가서야 연구를 다시 시작할 수 있었기 때문이었다.

| 그림 5.3 | 최초의 트랜지스터

전자 회로에서 트랜지스터(Transistor) 소자는 기본 기능인 증폭과 연산, 스위칭 기능 등으로 중요한 역할을 맡게 된다. 진공관은 오늘날에도 고출력을 필요로 하는 앰프에 사용되고 있지만, 진공관의 단점은 부피가 크고 소비 전력이 높다는 점이다. 이러한 진공관과 동일한 기능을 수행하면서 더 작고 효율적인 소자를 개발한 결과가 트랜지스터이다. 트랜지스터는 3극 진공관과 동일한 기능을 하지만, 크기는 매우 작았을 뿐만 아니라, 전력 소모도 적고 성능도 향상되었다. 또한 고장이 적어 신뢰성을 높여주었다. 진공관은 전류가 흐를 때 열이 많이 생기므로 오래 쓸 수가 없었고, 자주 터져버리기도 했지만 반도체는 열을 내지 않는 까닭이다.

트랜지스터가 등장함으로써 컴퓨터는 소형화와 경량화를 이룰 수 있었으며, 그 결과 많은 비용 절감 효과와 더불어서 컴퓨터의 발전을 가속화시키는 계기가 된다. 즉, 많은 공간과 전력 소모를 요구하는 진공관을 대체할 수 있는 작고 단단한 반도체 트랜지스터는 전자산업에 엄청난 바람을 불러일으키면서 신산업 창출의 주인공이 된 것이다. 유리 진공관의 약점을 완벽하게 제거한 반도체 트랜지스터는 라디오에서부터 전화, 텔레비전, 컴퓨터 등에 폭넓게 활용되면서 그 수요가 폭발적으로 늘어나게 된다. 트랜지스터를 이용한 신제품의 출현은 이보다 더 정교하고 더 간편한 새로운 전자 제품의 개발을 부추기게 되는데, 이러한 요구는 보다 양질의 소재와 보다 고성능의 소자 개발로 이어지는 직접적인 동기를 제공하게 된다. 반도체 트랜지스터 기술이 고도로 정교한 기술로 도약하는 데에는 두 가지 결정적인 과학기술적 사건이 있었는데, Si 반도체와 집적 회로(IC)의 도입이 그것이다.

### 5) 실리콘 (Si) 반도체

1954년 미국 TI의 G. Teal은 초기 트랜지스터에 적용되어 왔던 Ge보다 Si 소재가 트랜지스터 소재로서 더욱 적합함을 밝힘으로써 Si에 기초한 현대 IC 기술의 토대를 마련하게 된다. Si은 전기적 절연성이 뛰어나고 안정된 구조의 자연 산화물($SiO_2$) 형성이 가능할 뿐만 아니라 Si-$SiO_2$ 계면 특성이 우수하기 때문에, 묘화(lithography), 식각(etching), 확산(diffusion) 등의 평면 단위 공정(planar technology)에 요구되는 양질의 mask와 MOS(metal-oxide-silicon) 소자에 동질 절연층을 제공함으로써, 현대 IC 기술의 고도화에 결정적인 기여를 하게 된다.

### 6) 집적 회로

집적 회로란 단일 부품으로 그 안에 여러 개의 부품들을 모아 단일 품목으로 만든 회로를 말한다. 즉, 작은 실리콘 기판 위에 트랜지스터나 저항 등의 회로 소자를 많이 집적하여 하나의 기능 회로로 동작하도록 만든 것을 말한다. 1958년 텍사스 인스트루먼트(TI: Texas Instruments) 社의 잭 킬비(J. Kilby)(그림 5.4 참조)는 전자 회로를 이루는 저항(resistor), 커패시터(capacitor), 트랜지스터 등을 모두 하나의 반도체 기판(chip) 위에 만들고 각각의 부품이 서로 연결되어 하나의 전자 회로를 구성하는 현대적 개념의 IC 시작품을 제작하는 데 성공하게 된다. 이것이 바로 여러 개의 전자 소자들(트랜지스터, 저항, 코일 등)을 전선을 사용하지 않고 한 기판에 그 기능별로 집적(integrated)시킨 집적 회로의 시초이다(그림 5.5 참조). 최초의 집적 회로는 6개의 트랜지스터로 구성되었다. 킬비는 칩 위의 부품들을 금으로 만든 미세한 선으로 연결시켰는데 일일이 손으로 작업을 해야 했기 때문에 대량생산이 불가능한 단점을 가지고 있었다. 연필심 크기 정도의 "Solid Circuit(고체 회로)"로 이름 지어진 킬비의 최초의 IC가 그 해에 특허로 신청됨으로써 IC 시대가 열리게 된다.

| 그림 5.4 | 잭 킬비

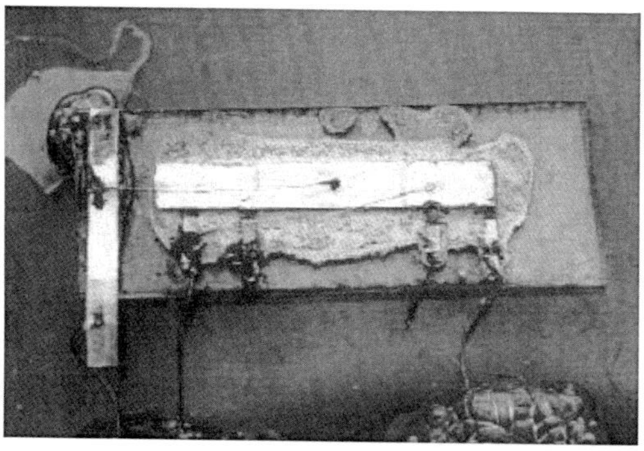

| 그림 5.5 | 킬비에 의해 제작된 최초의 집적 회로

이 무렵 중소 반도체 회사의 하나인 페어차일드(Fairchild) 社에서 일하던 로버트 노이스(R. Noyce)는 킬비의 생각보다 다소 진보된 비슷한 개념의 Si에 기초한 IC를 만드는 데 성공하여, "Unitary Circuit(단위 회로)"라는 이름으로 특허를 신청하게 된다. 킬비의 특허가 심사 중이던 1961년에 노이스의 특허가 IC에 관한 최초의 특허로 등록되면서 현대 Si IC 기술이 개막되게 된다. 노이스가 개발한 기술은 집적 회로의 위 표면에 절연실리콘 산화물층을 입힌 후, 포토 공정으로 산화물 위에 가는 금속선을 인쇄하여 칩 위의 부품들을 결합시키는 평면 처리 기술이었다. 초기에 노이스는 포토 평면 처리 방식을 통해 단일 칩 위에 2, 3개

의 부품을 집적하는 데 성공했지만 동료 기술자들과 함께 백여 개에서 천여 개로 그 수를 점차 늘려 나가게 된다. 이 기술을 발명하면서 집적 회로는 대량생산의 길로 접어들게 된다.

킬비와 노이스에 의하여 거의 동시대에 고안된 반도체 칩(chip) 개념은 미세전자공학의 급격한 성장의 기초를 제공함으로써 현대 과학기술사의 가장 획기적인 기술 혁신으로 평가되고 있다. 특히 Si에 기초한 노이스의 IC는 현대 초고집적 CPU(Central Process Unit)와 RAM/ROM 소자의 원조로서 그 역사적인 의의가 매우 크다고 할 수가 있다. 노이스는 1990년에 세상을 떠났지만 정보 기술의 발전과 집적 회로 개발의 초석을 놓은 인물로서, 실리콘밸리 창설자의 한 사람으로서 그의 이름은 널리 기억되고 있다.

노이스에 앞서 집적 회로를 개발한 킬비에 대해 조금 자세히 소개하면, 그는 1923년 미주리 주 제퍼슨 시에서 태어나 캔자스 주 그레이트벤드에서 자랐다. 1947년 일리노이대학교를 졸업한 그는 1950년 위스콘신대학교에서 전자공학 석사학위를 취득한 후 위스콘신 주 밀워키에 있던 글로비유니온회사의 센트럴연구소에 들어가 염기 세라믹과 실크스크린 회선을 연구·개발했다. 그 후 1958년 텍사스 주 댈러스 시의 텍사스 인스트루먼트사로 옮겼다. 그가 임시로 임대한 장비를 이용해 활성·불활성 소자를 한데 모아놓은 최초의 전자 회로를 개발한 것이 바로 그 해 여름이었다. 이 회로는 서류집게 절반만한 크기의 반도체판 형태로 제작되었다. 마침내 1958년 9월 12일, 뒷날 세상을 바꾸어놓은 세계 최초의 간단한 마이크로 칩 시험판이 공개되었다. 그가 개발한 집적 회로는 트랜지스터 1개, 저항기 3개, 축전기 1개 등 모두 5개의 소자를 하나의 반도체판 위에 모아놓은 것에 지나지 않았다. 그러나 그의 집적 회로 제작 이론과 시험판이 없었더라면 지금 널리 사용되고 있는 개인용 컴퓨터(PC), 초고속 디지털 통신 네트워크, 통신위성, 인터넷, 셀 방식 이동전화, 전자레인지, 음성 메일, 무선 호출수신기, 전산화 단층촬영(CAT) 같은 것들은 상상조차 할 수 없었을 것이다.

트랜지스터의 보편화와 IC의 출현은 휴대용 전자제품의 시대를 열어주었다. 1954년에 최초의 휴대용 트랜지스터라디오가 개발되고, 1967년에는 최초의 휴대용 계산기가 킬비에 의해 만들어진다. 트랜지스터가 전자제품에 응용되기 시작한 1950년대를 거쳐 초보적인 IC가 등장한 1960년대는 소형 또는 휴대용 전자제품의 전성기이었다. 1968년 G. Moore와 R. Noyce는 컴퓨터의 두뇌인 CPU 칩의 대명사인 Intel(Integrated Electronics) 社를 설립하게 되며, 1971년 T. Hoff는

2,300개의 트랜지스터를 사용한 마이크로프로세서를 개발한다. 현대적 IC 개발 전쟁은 1970년경부터 본격적으로 시작된다. 1970년 1 KB의 기억 용량으로부터 출발한 컴퓨터 기억 장치의 핵심인 DRAM(dynamic RAM)은 약 30년이 지난 지금에는 100만 배 정도의 집적도를 가지는 1 GB 수준에 이르게 된다. 컴퓨터 hardware(H/W)의 발전과 때를 같이하여 1975년 W. Gates와 P. Allen은 software (S/W) 전문 업체인 Microsoft 社를 설립하게 되며, 1977년과 1981년에 각각 출시된 Apple II와 IBM PC의 출현은 정보사회의 개막을 예고하게 된다. 컴퓨터 H/W와 S/W의 비약적인 발전에 힘입어 1989년에 개통된 World Wide Web (WWW)은 전 세계를 하나의 시공간으로 묶어줌으로써, 인터넷에 의한 초고속 정보통신 사회로의 전환에 결정적인 역할을 하게 된다. 초고집적 마이크로프로세서와 메모리 칩 IC는 전기밥솥과 같은 간단한 가전제품에서부터 TV/VCR, 자동차, 비디오/카메라, 의료진단 기기(CT, MRI 등), 인공위성, 슈퍼컴퓨터에 이르기까지 모든 장치를 자동화/지능화시키고 휴대용 계산기/수첩, 노트북 컴퓨터, 핸드폰 등 일상 생활용품을 소형화시킴으로써, 우리가 알지 못하는 사이에 우리생활을 엄청나게 변화시키고 있다.

## 5.2 초소형화의 요구

컴퓨터와 이동통신 단말기의 보편화와 광케이블과 통신위성을 통한 인터넷의 개통은 전 세계를 동일한 시공간에 놓이게 하였다. 이러한 현대 사회의 정보통신 시스템은 시간적으로는 빨라야 하고 공간적으로는 작아야 하는 기본 요구를 충족시켜야 하는 특징을 지니고 있다. 즉, 막대한 양의 정보를 짧은 시간 내에 빠르게 주고받기 위하여서는 초고속의 소자가 요구되는 한편, 공간이 협소한 가정이나 사무실에서도 사용이 가능하고 휴대가 손쉽게 이루어지기 위해서는 작고 가벼워야 한다. 이 두 가지 요구를 완벽하게 만족시킴으로써 현대 정보통신 시스템의 실현을 가능하게 해준 것이 바로 반도체이다. 소형의 고성능 PC를 가능하게 한 고집적 마이크로프로세서 및 메모리 소자의 비약적 발전에는 실리콘 (Si: silicon) 반도체를 이용한 집적 회로(IC) 기술에 대한 끊임없는 연구 개발이 있었다.

## 5.3 집적 회로화

실리콘(Si)이나 게르마늄(Ge)에 얇은 막을 입힌 칩(chip)으로 생산되는 집적 회로는 골무만한 크기에 10만개 정도의 부품을 집적시킬 정도의 놀라운 집적도를 가지고 있었다. 그러나 초기의 집적 회로는 신뢰도가 매우 높았지만 상대적으로 가격이 비싼 것이 흠으로 작용했다. 반면에, 집적 회로가 발명되므로 컴퓨터는 더욱 소형화되었고 속도 또한 빨라졌으며, 더불어서 신뢰성도 향상되면서 가격도 매우 저렴해지는 계기가 되었다. 요즘 흔히 볼 수 있는 전자계산기는 집적 회로를 이용한 것이다.

1970년대에 들어서면서 Si 소자 기술과 화합물 반도체 연구는 새로운 국면을 맞이하게 된다. 1960년대에 이룩한 풍부한 연구 개발 결과와 성숙한 소자 제작 기술을 바탕으로 Si 반도체는 본격적인 양산 IC 체제에 돌입하게 되며, 집적도 향상을 목표로 한 선폭(feature size)과의 전쟁을 시작한다. 즉, IC가 알려지자 한 개의 칩에 보다 많은 트랜지스터를 모아 넣으려는 경주가 시작된 것이다. 전자 산업은 이제 끝이 보이지 않는 경쟁 시대에 접어들었다. 64K D램(그림 5.6 참조)과 256K D램에 이어, 1988년에는 미국 · 일본 다음으로 우리나라가 4메가 D램을 개발하였다. 이것은 트랜지스터 1억 개를 엮어 놓은 것과 같다. 칩의 크기는 그대로, 기억하는 정보의 양은 엄청나게 늘어나고 있다.

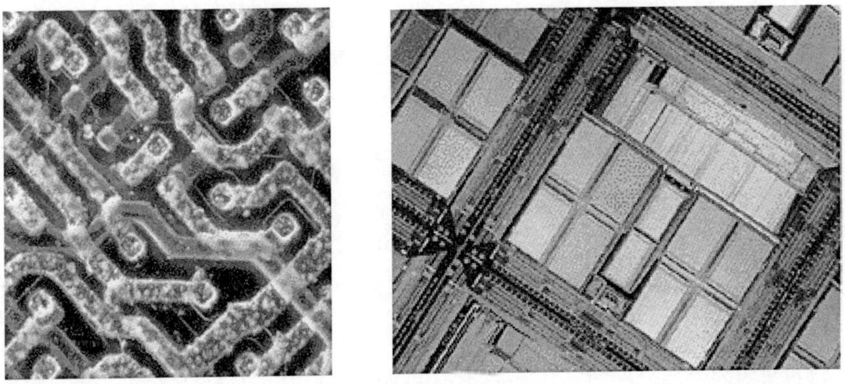

| 그림 5.6 | RAM

### 1) 집적 회로의 종류

범용 IC(Standard Integrated Circuit)는 우리가 필요에 따라 쉽게 구할 수 있는 IC들을 지칭한다. 반면, 주문형 집적 회로(Custom IC)는 특별한 사용자를 위해 개발된 IC로서, 개발을 의뢰한 사용자에게만 공급되기 때문에, 특정한 용도의 목적에만 사용할 수 있는 IC라 하여 ASIC(Application Specific Integrated Circuit)이라고 하기도 한다. 주문형 집적 회로는 다시 완전 주문형 집적 회로(Full-Custom IC)와 반주문형 집적 회로(Semi-Custom IC)로 구분되고, 반주문형 집적 회로는 게이트 어레이(Gate Array)와 표준 셀(Standard Cell)로 대표되며, 표준 셀의 개념을 확장하여 셀 라이브러리(Cell Library)를 포함하는 설계 방법이 응용되고 있다. 완전 주문형 집적 회로와 반주문형 집적 회로의 구별은 향후 서로의 장점을 딴 새로운 분야의 개발이 진행될 전망이므로 그 구분이 희미하게 될 것이다.

### 2) 반도체 소재

트랜지스터의 발명으로 촉발된 반도체에 관한 연구 개발은 지난 반세기 동안 기하급수적 도약을 거듭하였으며, 아무도 그 끝을 예상할 수 없는 급속한 발전을 현재도 계속하고 있다. 1947년 초기에 도입되었던 게르마늄(Ge: Germanium) 반도체는 1954년 이후부터는 Si에게 반도체 소재의 주인자리를 물려줌으로써, "최초로 트랜지스터에 적용"이라는 영예만을 남긴 채 반도체 산업의 열매를 맺지 못한 전세대(pre-generation) 반도체 소재로 역사에 기록되게 되었다. 1960년 전후부터 성장가도를 달리는 메모리, 비메모리(마이크로프로세서) 반도체 산업의 주역인 Si을 제1세대 반도체라 부른다면, 1970년도 이후 본격적인 연구 개발이 이루어지면서 고속-고주파 전자소자 및 발광, 수광 광전소자 분야를 전담해 온 (InAlGa)(AsP) 계열의 III-V족 화합물은 제2세대 반도체 소재에 속한다. 아주 최근인 1990년경 청색 발광소자(LED: Light Emitting Diode)를 시작으로 가시광 광전 소자의 실용화에 성공한 GaN 계열의 질화물(nitride) 및 SiC-C 탄화물(carbide) 소재는 다른 반도체가 가지지 못하는 광대역 파장 범위(~100-650 nm)의 광전기능과 고출력-초고주파(~100 GHz) 전자 기능뿐만 아니라, 내열성, 내방사성, 내부식성, 내마모성 등 특수 환경에 강한 내환경성을 지니고 있어서 향후 다양한 응용이 예상되는 제3세대 반도체 소재로 분류할 수가 있다.

### 3) 작은 것이 아름답다.

이제 반도체 공학자들이 할 일은 소자를 작게 만드는 방법을 연구하는 것이다. 작게 만들면, 같은 반도체 면적에 더 많은 트랜지스터를 만들 수 있으므로 값이 저렴해지고 회로의 속도가 달라지며 많은 기능을 할 수 있는 회로를 한 개의 칩에 만들어 넣을 수가 있다. 1970년에 개발된 1K DRAM에서는 한 개의 칩에 1000개의 기억 비트(1 아니면 0)를 저장할 수 있었다. 지금 한국의 실리콘밸리라고 할 수 있는 기흥, 이천, 청주 일대에서는 한 개의 칩에 2억 개 이상의 비트를 약 1 ~ 2 $cm^2$의 작은 면적에 집어넣고 있다. 상상을 해보라. 한 개의 비트가 차지하는 면적이 얼마인가? 단순히 마이너스(-) 억이라고 하면, 한 개의 면적이 1 마이크로 평방미터가 된다. 즉, 가로 세로 1 마이크론에 한 개의 기억 비트를 심어 넣고 있는 것이다. 여러분은 보통의 박테리아 크기가 약 4 ~ 5 마이크론이 된다는 것을 기억할 것이다. 따라서 이 마술사들은 박테리아에 수 개의 기억 셀을 한 치의 오차도 없이 심어 넣고 있는 방법을 알고 있는 것이다. 이를 실현하기 위해서 반도체 공학자들은 다른 과학 기술을 종합적으로 받아들였다. 작은 트랜지스터를 새겨 넣기 위한 광학 기술, 한 치의 오차도 없이 렌즈의 위치를 제어하기 위한 제어 기술, 광을 받아서 트랜지스터 부분과 아닌 부분을 인식해 주는 화공 기술(특히, 폴리머 기술)을 수백 개 내로 조절해 줄 수 있는 이온 주입 기술(이는 원자 연구에 사용되는 원자 가속장치와 비슷하다), 그리고 진공 기술 등 여러분이 상상할 수 있는 모든 과학 기술이 망라되어 있는 것이다. 이와 같이 반도체 기술자들은 주변의 과학 기술에 항상 눈을 뜨고 이를 소화해냄으로써, 인류 역사상 가장 찬란한 과학 기술의 금자탑을 이룩할 수가 있었던 것이다.

### 4) 컴퓨터가 컴퓨터를 만든다.

한 개의 칩에 수많은 트랜지스터를 집적시킬 수 있는 기술이 개발되면서 예전에는 수많은 부품을 조립해야 가능하던 시스템이 조그만 칩 안에 집적 가능하게 되었다. 가장 대표적인 예가 컴퓨터 칩이다. 계산, 저장, 제어에 필요한 복잡한 회로가 한 개의 칩에 집적 가능하게 되었다. 따라서 이렇게 많은 트랜지스터를 원하는 회로로 동작하도록 하기 위해서는 고도의 설계 기술이 필요하게 되었다. 일일이 손으로 회로를 그려 트랜지스터를 배열(레이아웃이라 한다)하던 방법으로는 MSI 회로 설계가 불가능하게 되었다. 따라서 원하는 기능을 컴퓨터 언어로 기술하면, 스스로 이 기능을 가지는 회로를 컴퓨터가 그려내고, 트랜지스터를 반도체 칩에 배치까지 시키는 CAD(Computer Aided Design: 컴퓨터 원용 설계) 기법이 개발되었다. 이러한 기법이 지금은 거의 모든 반도체 칩 설계에 응용되고 있다. 심지어 설계 오류까지 모두 지적해 주는 프로그램 또한 상용화되고 있다. 반도체 설계자는 실제 반도체는 만지지 않고, 컴퓨터 터미널 앞에서 프로그램을 사용하여 칩을 설계하는 상황에 이른 것이다. 그래서 "컴퓨터가 컴퓨터를 만든다"는 우스갯소리까지 나오고 있다. 현대 회로의 설계 스타일은 규칙적인 배열을 가지는 것이 특징이다. 이렇게 규칙적인 배열을 가짐으로써 컴퓨터를 이용한 설계와 설계 오류 수정을 용이하게 할 수 있다. 이러한 CAD 설계 기법 발전은 칩 제작 자체보다 이러한 많은 트랜지스터를 사용하여 무엇을 만들 것인가가 더 중요한 문제로 부각되고 있다. 즉 반도체 제작자가 반도체 칩을 만드는 것이 아니라, 시스템 제작자가 원하는 기능을 가지는 칩을 설계하는 환경이 되었다. 이와 같이 수요자가 원하는 기능을 가지는 칩을 그때그때 수요에 따라 만드는 칩을 ASIC(Application Specific IC)이라고 부른다. 따라서 반도체 설계기술은 회로 설계 자체보다도 어떠한 기능을 가지도록 하는가를 더 중요시하는 시대가 오고 있는 것이다.

## 5.4 하이브리드(hybrid) vs. 모놀리식(monolithic)

본 절에서는 MMIC(Monolithic Microwave Integrated Circuit)를 예로 하이브리드와 모놀리식의 차이점과 장단점을 비교 설명하고자 한다.

### 1) MMIC

MMIC는 현재 레이더뿐만 아니라 위성통신 및 이동통신의 RF 부품으로 그 사용 영역이 넓어지고 있는 마이크로파 시스템의 핵심 기술이다. MMIC는 화합물 반도체의 응용 부품으로 이동통신기기 시장에 급격히 확대되면서, 고주파 특성이 우수하고, 신호 크기에 따른 특성 변화가 적으며, RF단의 여러 소자들을 단일 칩으로 집적 가능하게 한 정보통신용 부품이다. 따라서 향후 가장 유망한 통신 부품 중의 하나로 부상하고 있는 부품이다.

### 2) Monolithic

MMIC란 "Monolithic Microwave Integrated Circuits"의 약자로서 Monolithic하다는 점에서 하이브리드 마이크로파 회로(HMIC: Hybrid Microwave Integrated Circuits)와는 차이가 있다. Monolithic의 사전적인 의미는 "single rock", 즉 단일 기판이라는 뜻을 가진다. 그러므로 MMIC는 모든 능동소자와 수동소자들이 하나의 기판 위에서 모두 구현된 회로 형태를 지칭하는 말이다.

### 3) Hybrid

하이브리드의 기본적인 의미는 서로 다른 2개의 기술이나 시스템이 결합된 것을 의미한다. 그러므로 하이브리드란 용어는 단독으로 쓰이는 경우보다는 다른 용어와 연결지어 사용되는 경우가 많은데, 예를 들어 hybrid computer는 디지털 컴퓨터지만 아날로그 신호도 받아들일 수 있고, 받아들인 신호를 디지털로 바꾸어 처리하는 컴퓨터를 말한다.

일반적인 하이브리드 회로에서는 수동소자인 마이크로스트립 라인, 커패시터, 인덕터 등은 테프론 같은 유전체 기판 위에 구현되고, 능동소자인 트랜지스터는 반도체 상에 제작되어 surface mount나 와이어 본딩 등의 방법을 통하여 수동소자와 연결하고 있다. 즉, 회로를 구성하는 능동소자와 수동소자들이 한 개의 기판 위에서 구현되지 않고 서로 다른 공정 기술로 구현되는 것이다. 그러나 MMIC에서는 능동소자의 기판으로 사용되는 반도체를 수동소자의 제작에도 그대로 이용하여 별도의 연결 수단 없이 한 기판 위에 마이크로파 회로 동작에 필요한 모든 RF 소자를 구현한다.

기존 마이크로파 회로들은 하이브리드 형태가 주를 이루고 있었다. 그러나 1980년대 들어 초고주파 반도체 기술의 급속한 발전에 힘입어 하이브리드 마이크로파 회로들이 점차 MMIC들로 대체되기 시작하였다. 레이더 부품의 MMIC화는(그림 5.7 참조) 수신기 부품에서 뿐만 아니라, 최근에는 송신기 부품에까지 파급되고 있다. 레이더용 송신기는 일반적으로 큰 출력을 요구하므로 과거에는 Magnetron, Klystron, TWT(Travelling Wave Tube) 등을 사용하여 왔으나 신뢰성에 문제가 있어 반도체를 이용한 SSPA(Solid State Power Amplifier)의 사용이 늘고 있는 추세이다. 1990년대 들어서는 SSPA 역시 하이브리드 형태에서 MMIC 형태로 대체하고자 하는 연구들이 미국을 중심으로 활발하게 진행되고 있다.

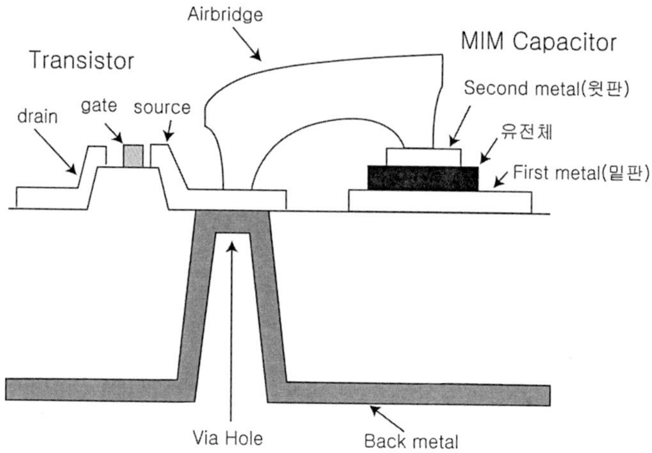


| 그림 5.7 | MMIC의 모양

### 4) Monolithic의 장점

하이브리드 회로(HMIC)에 비한 MMIC의 장점을 열거하여 보면 다음과 같다. 우선 그 크기와 무게가 HMIC에 비하여 수십 배에서 수백 배 이상 작아지는 장점을 지닌다. 반도체 공정을 이용한 photolithograph의 해상도가 1 ㎛ 이하이므로 선폭 및 선간의 간격을 마이크로미터 단위로 작게 할 수 있다. 예를 들어, 마이크로스트립라인의 경우를 살펴보면, 두께가 100 ㎛인 GaAs 위에 50 Ω의 특성 임피던스를 갖기 위한 라인의 선폭은 50 ㎛ 정도로서 HMIC의 일반적인 경우보다도 훨씬 얇은 선폭이 MMIC에서 사용된다. 선폭과 선 간격의 축소는 칩의 축소로 이어져 일반적인 MMIC 저잡음 증폭기의 크기는 수 $mm^2$ 정도이고 전력 증폭기는 수십 $mm^2$ 정도로서 HMIC의 수십 분의 일에 불과하다. 휴대전화기 같은 경우 점차 경량화, 소량화 추세로 발전되고 있으므로 작은 칩 크기를 갖는 MMIC의 수요가 늘어날 것이 예상된다.

또한 생산 단가의 면에서 보더라도 칩의 크기는 중요한 의미를 지닌다. 칩의 크기가 작아질수록 한 웨이퍼에서 생산되는 칩의 개수가 늘어나므로 공정 원가는 칩 크기에 반비례하여 줄어든다. 따라서 MMIC의 중요한 설계 사양 중의 하나는 칩의 크기이며, 이를 줄이기 위한 여러 가지 설계 기법이 연구되고 있다.

두번째 MMIC의 장점으로는 와이어 본딩 등의 외부적인 연결 수단을 최소화할 수 있다는 점이다. 와이어 본딩이 줄어듦으로써 패키징 단가를 줄일 수 있을 뿐더러 본드 와이어에서 기인하는 비 반복성과 신뢰성 문제를 최소화할 수 있다. 더 나가서 RF단에서는 본드 와이어를 쓰지 않는 MMIC 기술은 평면형 마이크로파 회로의 가용 주파수 대역을 밀리미터파(30 GHz 이상)까지 확장해 놓았다. 본드 와이어 및 패키지의 기생 효과로 인하여 HMIC들의 가용 주파수 대역은 30 GHz 이하로 한정되어 있었으나 MMIC의 등장으로 인하여 밀리미터파에서도 평면 구조의 회로가 가능하게 되었다.

세번째로 MMIC 기술은 다기능 고집적 마이크로파 회로를 가능하게 하였다. 여러 가지 회로들을 한 기판 위에 집적할 수 있으므로, 수신기나 송신기 등의 RF단 전부를 원 칩으로 구현할 수 있게 하였다. 고집적 MMIC 기술은 생산 원가를 한층 더 절감할 수 있는 가능성을 제공하며, 칩 간의 연결에 의한 기생 효과를 없앰으로써 평면형 마이크로파 회로의 가용 주파수 대역을 더욱 더 확장할 수 있게 하였다.

### 5) Monolithic의 단점

MMIC의 단점을 살펴보면 다음과 같다. 첫번째로 HMIC와 달리 MMIC는 한 번 제작하게 되면 튜닝이 불가능하므로 회로 catastrophic failure의 확률이 높을 수 있다. MMIC는 한 번의 제작공정으로 많은 회로가 생산되므로 회로당 생산 원가는 낮으나 한 번 제작비용은 HMIC에 비하여 훨씬 높은 편이다. 따라서 회로의 재설계에 따르는 비용을 생각하여 초기 회로 설계 시 세심한 주의가 요구된다. MMIC 설계 시에는 수동소자뿐 아니라 능동소자들의 변화폭을 예상하여 이를 충분히 감안한 설계를 하여야 한다. 이를 위해서는 yield 및 sensitivity 해석법 등이 주로 사용된다.

두번째 단점으로 소자간의 RF 커플링의 증가를 들 수 있다. 칩의 크기가 줄어듦으로써 소자들의 간격이 줄어들게 되므로 crosstalk, coupling 등에 의한 기생효과가 HMIC에 비해 높은 편이다. 이러한 커플링 효과는 기판의 두께, 주파수, 전송선로의 특성 임피던스 등에 따라 달라지므로 이를 감안한 설계를 하여야 한다.

고집적 회로의 경우에는 EM simulation을 통하여 미리 커플링을 예측하여 설계하는 방법이 사용되기도 한다. 이렇듯 설계의 높은 난이도가 요구되지만 MMIC는 전체적인 생산 단가의 절감 및 대량 생산의 가능성으로 인하여 점차 마이크로파 시스템 각 분야로의 신속한 파급이 이루어지고 있다.

### 6) MMIC 역사

킬비의 1976년 논문에 의하면 monolithic 집적 회로의 아이디어는 1952년 Dummer에 의해서 처음으로 잉태되었다. 이 아이디어에 고무된 미 공군은 연결 와이어를 완전히 없앨 수 있는 새로운 형태의 집적 회로를 개발하고자 "Molecular Electronics"라는 국책 회로 프로젝트를 시작하였다. 이 프로젝트는 후에 MIRA (Molecular Electronics for Radar Applications)라는 이름으로 바뀌었고 1964년부터 미국 TI사가 이 과제를 수행하게 되었다. MIRA 프로그램은 MMIC의 기본적인 개념과 기술에 관한 심도 깊은 연구의 출발점이 되었다. 이 프로젝트를 통하여 레이더 용도로 X-band T/R 스위치, 평형 혼합기 등의 당시에는 혁신적인 초기 MMIC들이 개발되었다.

이러한 초기의 MMIC들은 P-type으로 도핑된 실리콘을 기판으로 사용하였는데, 실리콘 기판의 무시할 수 없는 전도율로 인하여 전송선로의 손실이 심하였고, 소자 간의 분리도가 좋지 않은 문제점을 지니고 있었다. 이러한 이유 때문에 차후에는 GaAs가 MMIC의 기판으로 각광받기 시작하였다.

GaAs는 다음과 같은 두 가지 이유로 인하여 MMIC에 이상적인 기판으로 여겨졌다. 첫번째로 낮은 유전체 손실로 인하여 마이크로스트립라인 같은 전송선로의 구현에 적합하며, 두번째로 높은 전자의 이동도와 큰 Schottky 장벽 전압으로 인하여 고성능의 MESFET(Metal-Semiconductor Field Effect Transistor)을 GaAs 위에 Epitaxy나 이온 주입법 등을 사용하여 제작할 수 있다는 점 등이다. GaAs를 MMIC의 기판으로 사용하고자 하는 시도는 이미 1964년에 이루어졌다. 하지만 그 당시에는 GaAs를 단지 전송선로의 유전체로 사용하였을 뿐, 능동소자를 제작할 반도체로 사용할 생각은 하지 못하였다.

능동소자를 구현하기 위해서 Ge(Germanium: 게르마늄)을 GaAs 위에 증착한 후 Ge을 이용하여 트랜지스터를 제작하였다. 1960년대 중반에 들어서는 GaAs 위에 FET를 만들고자 하는 연구가 본격적으로 시작되어서 1967년에는 최대 발진 주파수(fmax: Maximum Frequncy of Oscillation)가 3 GHz인 마이크로파용 GaAs FET가 개발되었다. 그 후 발전 속도는 더욱 빨라져 3년 후인 1970년에는 fmax가 30 GHz로 10배 증가하였으며 GaAs FET는 이후 가장 빠른 트랜지스터로 자리를 잡았다.

1976년 Plessy의 연구팀은 처음으로 GaAs MESFET를 사용한 MMIC 증폭기를 개발하였고 이 이후 GaAs MMIC에 관한 연구 개발은 폭발적으로 이루어져서 증폭기뿐만 아니라 믹서, multiplier, 스위치, 발진기 등의 다양한 MMIC들이 등장하기 시작하였다. 1970년대에서 1980년대 초반까지만 하더라도 MESFET이 GaAs MMIC의 유일한 능동소자로 사용되었으나, 1980년경부터 HEMT들이 등장하였고 현재는 HEMT가 가장 중요한 밀리미터파 소자로 MMIC에 사용되고 있다.

HEMT는 이름에서 보더라도 알 수 있듯이 MESFET보다 높은 전자의 이동도로 인하여 스피드가 빨라서 초고주파, 특히 밀리미터파에서 큰 이득을 가질 수 있으며 잡음 특성이 우수하여 저잡음 증폭기 등으로 자주 사용된다. 최근에는 BJT의 개량형인 HBT(Heterojunction Bipolar Transistor)도 MMIC에 사용되기 시작하였다. HBT는 HEMT나 MESFET같은 FET 계열에 비하여 선형성이 우수하고 전력 특성이 뛰어나 전력 증폭기 등에 사용 빈도가 높아가고 있다.

MMIC는 반도체 기판 상에 능동소자와 수동소자는 물론이고 단위소자에 연결도 일괄 공정으로 동시 제작이 가능하므로, 종래의 부품에 비해 크기가 작으면서 신뢰성 또한 높고 특성도 좋다. 또한 MMIC는 개별 부품에 대한 패키지가 별도로 필요치 않으므로 제조 코스트도 낮출 수 있다. MMIC의 이용 분야로는 휴대용 전화기, 개인휴대통신(PCS)용 단말기, 위성 이동통신용 단말기 등으로 다양하며, MMIC의 개발을 위해서는 소자 제조 기술, 회로 설계 기술, 고주파 패키지 기술 등이 종합적으로 요구된다.

## 5.5 소형화의 이점

왜 세계의 모든 반도체 회사들은 한 칩 내에 더 많은 소자들을 집적하기 위해 노력하고 있을까? 많은 소자를 집적하면 전자 부품과 이를 이용한 제품들을 더 작고 가볍게 만들 수 있다. 전력 소모는 더 작아지며 동작 속도도 빨라진다. 뿐만 아니라 집적도를 증가시킬수록 더 값싸게 생산할 수 있게 되어 가격 면에서도 경쟁력이 커진다. 반도체 제조공정은 일괄 공정이므로 반도체 웨이퍼 한 장을 가공하는 비용은 웨이퍼의 크기에 상관없이 거의 일정하다. 따라서 집적도를 높여 같은 크기의 웨이퍼 한 장에서 보다 많은 칩을 생산하고, 보다 큰 웨이퍼를 이용함으로써 동시에 더 많은 칩을 생산해내는 것이 유리하다.

## 5.6 서브마이크론 시대

예를 들어, 64M D램 메모리 반도체 칩을 제조할 경우 손톱정도 크기의 반도체 기판 위에 6천 4백만 개의 트랜지스터와 6천 4백만 개의 콘덴서를 내장하고 이들을 연결하는 서브마이크론(머리카락 굵기의 1/1200)의 미세한 도선을 공간적으로 배치한 설계 도면이 필요한데 이를 육안으로 식별할 수 있도록 확대한다면 축구장 면적에 해당하는 크기의 특수한 설계도이며, 이러한 배치 설계는 기술 집약도가 높고 개발에 막대한 비용과 고도의 기술을 필요로 하는 반도체 산업의 핵심 기술 분야이다.

디바이스 크기가 0.1 마이크론 정도의 설계 시 요구되는 배터리의 개수를 1개라고 할 때 0.5 마이크론을 사용하면 같은 multimedia 기능을 가진 컴퓨터를 5시간 수행하기 위하여 요구되는 배터리의 개수는 40개가 된다. 따라서 휴대용 컴퓨터의 소형화를 위해서는 40배의 전력 감축이 요구된다. 딥(deep) 서브마이크론 공정에서는 그 동안 전통적으로 사용해 오던 설계 기법들이 실제 제작된 칩과 맞지 않는 경우가 많다. 즉 딥 서브마이크론 공정을 위한 새로운 설계 기법이 필요하게 된 것이다. 따라서 딥 서브 마이크론의 디바이스를 이용하여 VLSI를 설계할 때, 저전력용 설계 자동화의 개발이 최근 큰 공통 관심사로 되어있다. 그 중 시스템 속도 및 전력 소모량의 영향을 미치는 가장 중요한 것은 지연시간의 단축과 신호 잡음의 제거이다. 지연시간을 단축하기 위하여 과거 수년 간 많은 연구가 진행되어 실행화 단계에 있으나 딥 마이크론 설계 시 전체 시스템 지연시간의 50% 이상 차지하는 crosstalk 잡음을 제거하는 방법에 대한 많은 연구 개발이 요구되고 있다.

## 5.7 나노 기술 트랜지스터

삼성전자는 세계 최초로 나노 기술 메모리에 대한 상용화에 성공했다. 나노 기술의 핵심은 원자나 분자 수준에서 물질을 조작하고 물질을 만들어서 전혀 새로운 성질과 기능을 가진 소자나 시스템을 구현하는 것으로, 21세기에는 실제 산업과 생활에서 응용 가능한 제품들이 생산되고 있다. 2010년쯤에는 나노 기계가 우리 몸 안의 혈관 속에 장치되어 심장병이 있는 사람의 피의 순환을 제어하고, 당뇨병 환자에게 인슐린을 적절히 공급하는 것이 가능해질 것이다. 이와 같이 나노 기술의 중요성 때문에 미국 등 선진국에서는 나노 과학과 나노 기술 분야의 연구에 엄청난 투자를 하고 있다.

오랫동안 화학자와 생물학자들은 '아래에서 위로(bottom up)' 관점에서 재질이나 생물을 구성하는 분자의 구조를 해결하는 데 집중하여 왔고, 물리, 전기, 전자, 기계 공학자들은 '위에서 아래로(top down)'라는 관점에서 더 작은 기계를 만들기 위해서 서로 연구하며 경쟁하여 왔다. 분자과학 분야에서는 신 의약품뿐만 아니라 나일론이나 테프론, 순간접착제 등 오늘날 대단히 많은 합성 물질들이 만들어졌고, 전자, 기계 공학자들은 1948년 처음으로 트랜지스터를 발명한 이후 전산논리와 계산기를 만드는 컴퓨터 관련 기술을 창안하였다.

혁명적인 나노 기술이 발전해 나갈 분야 중에서 가장 빨리 산업화가 가능한 곳은 나노소재 분야이며, 이중에서도 자동차 부품에서 가장 광범위하게 응용되고 있다. 자동차 부품들은 연료의 절감을 위해서 점점 경량화되면서도 안전성을 위해 기계적 강도가 우수해야 한다. 두 가지 전혀 다른 종류의 소재를 혼합하여 두 소재의 장점을 살린 향상된 성질을 가진 새로운 재료를 만드는 복합소재로서 일본의 도요타 자동차에서는 기존 자동차 연료탱크보다 충격에는 10배 이상 강하고, 무게는 1/3 이하로 훨씬 가벼운 새로운 신소재로 만든 연료탱크를 개발하였다.

반도체의 소형화가 지속되면서 현재 컴퓨터의 기본단위 소자 크기는 2015년께 그 한계에 도달하게 되고, 이 한계점을 해결할 수 있는 한 방법으로 나노 기술을 이용한 단전자 트랜지스터가 개발될 것이다. 현재 반도체 집적 회로가 마이크로미터(백만분의 1미터)의 수준에서 21세기에는 나노미터 수준에서 소자를 제어하는 나노 기술이 본격화되리라 생각된다.

나노의학 기술을 실제 병원에서 응용하기 위해서는 많은 시간이 걸릴 것이다. 그러나 일단 이것이 성취되면 의학에 혁명적인 변화를 가져와 암, 에이즈와 같은 난치병들을 해결할 수가 있을 것이다. 질병은 실제로 분자 단위나 세포 단위의 문제에 의해 발생하는 것이다. 그런데 현대의 외과 수술 기술은 이 세포 단위보다 훨씬 큰 단위에서 이루어지고 있다. 세포 단위에서 보면 어색할 정도로 큰 단위에서 치료가 시도되고 있는 것이다. 그래서 현재까지는 세포가 지기 자신의 힘으로 고치고 회복할 수 있는 능력을 가진 곳에서만 수술의 적용이 가능하다. 그런데 나노 기술을 이용하여 인간의 세포보다 더 작은 분자 단위의 나노 컴퓨터, 나노 기계, 나노 센서 등을 만들 수 있게 되면, 이 분자 단위의 나노 기계들이 혈관에 끼어 있는 노폐물을 제거하여 심장병을 고치고, 암세포만 선택적으로 인식하여 죽이고, 작동하지 못하는 세포내의 기관들을 대신하게 될 것이다. 또한 나노미터 크기의 센서를 이용하여 현재의 진단 기술이 상상할 수 없을 정도로 작은 세포 이하 크기에서 각 생리 기관들이 어떻게 작용하는지를 확인할 수 있을 것이다.

나노 기술은 화학공학 및 에너지 분야 기술에도 크게 응용될 것이다. 나노 기술은 화학반응 중 촉매뿐만 아니라, 배터리, 연료전지 등에 매우 중요하다. 전지나 연료전지, 촉매 등에 이용되는 아주 중요한 재료가 나노 세공을 가진 나노플러스 물질이다. 나노플러스 물질은 나노미터 크기이므로 촉매 입자를 많이 가질 수 있어 그만큼 활성에 뛰어난 여러 촉매, 전지, 연료전지의 재료를 개발할 수 있게 되었다. 차세대 청정 연료로 각광받고 있는 수소의 경우 그 생산과 저장에서 모두 나노 기술이 아주 중요하다. 이와 같이 혁명적인 나노과학 기술은 상용화를 위한 그 가능성은 무궁무진하다.

산업혁명은 세계를 선진국과 후진국으로 나누었다. 기술 혁신을 받아들인 나라와 받아들이지 못한 나라로 나눈 것이다. 그 후 선진국의 '강식'과 후진국의 '약육'이 바로 오늘날까지 계속되고 있다. 기술의 혁신은 국운을 좌우한다는 절실한 예이다. 앞으로 다가 올 나노 기술은 그 이상으로 우리의 삶과 세계를 변화시킬 가능성과 잠재력을 지니고 있다. 또, 나노 기술은 정보 기술(IT), 바이오 기술(BT), 환경 기술(ET) 등과 서로 융합됨으로써 더 큰 영향력을 미칠 수 있다. 따라서 우리나라는 나노 기술 시대라는 기술의 혁신기를 맞아 테크놀로지 로드맵(TRM: technology roadmap)을 바탕으로 한 입체적 대응이 요구된다. 그러나 유전자 정보를 밝히는 것이 곧바로 유용한 가치를 갖지는 않는다. 예컨대 1만 번째의 염기가 무엇인지 알았다 하더라도 그것이 피부색깔을 관장하는 것인지 아니면 키를 관장하는 것인지는 알지 못하고 있는 것이다. 따라서 분석된 유전자의 서열을 이용하여 유전자의 기능을 하나씩 밝혀내는 것이 추가적으로 필요하다. 이러한 의미에서 앞으로 추진될 2차 사업은 게놈의 기능에 관한 연구(Functional Genomics)에 해당한다.

미래사회는 정보와 지식이 퓨전을 이루어 우리의 생활 전반에 바탕으로 깔리는 인포전스(Infogence: Information + Intelligence)의 세계가 될 것으로 본다. 즉, 누구든지 언제 어디서나 마음대로 정보와 지식을 주고받는 세계이다. 나노 기술은 바로 이 인포전스의 세계를 여는 열쇠이다. 나노 기술에서 다루는 것은 엄청난 바위도 아니고 현미경을 통해 수천 배로 확대해야 보이는 미세입자도 아니다. 바로 물질을 이루는 원자나 분자 그 자체를 원하는 대로 배열시켜 바라는 성능을 찾아내는 기술이 나노 기술이다.

반도체 시대의 발전을 보면 1971년의 108 kHz의 Intel 4004 마이크로프로세서는 2,300개의 트랜지스터를 집적시켰는데 2001년의 2 GHz Pentium IV 칩은 4,200만 개의 트랜지스터를 집적시키고 있다. 앞으로 삼성, 인텔, 모토로라 등은 회로의 선폭을 13 nm까지 줄여 집적도를 높일 계획을 추진하고 있다. 그러나 이와 같은 성능 향상에는 한계가 있다는 것이 전문가들의 일관된 견해이다. 나노 기술은 앞으로 10년 안에 다가 올 이와 같은 반도체 기술의 한계점 봉착에 대한 유일한 대안으로 보인다. 커다란 것을 깎아 극한까지 미세 가공하는 현재의 톱다운(top-down) 기술에서 원자, 분자를 하나하나 쌓아 회로를 만드는 상향식(bottom up) 기술로 나갈 수밖에 없다는 것이다.

나노 기술이 가장 먼저 응용될 3대 분야는 이동통신용, 의료용, 군사용 등 세 분야로 보인다. 특히, 이동통신용 기기에서는 누가 더 많은 기능을 집어넣고 더 작게 만들며 더 쓰기 쉽게 만드느냐가 시장 주도의 관건인데 이 모두가 나노 기술의 개발로 해결이 가능하다. 따라서 올인원(all-in-one) 장치로서 '옴니콤(Omni Comm)'이 앞으로의 시장을 주도할 추세이다.

현재의 휴대폰이나 PDA가 10년 후 어떤 모습일까 예상해 보면, 다음과 같다.

- 현재의 PDA보다 모든 성능이 100 ~ 1000배 정도 좋아져 '옴니콤(OmniComm= OmniCommunicator)'이라고 부를 정도의 다기능 개인이동통신기기가 오늘날 휴대전화 정도로 흔하게 일반화될 것.
- 더 나아가 우리 신체의 주요 건강 데이터(혈압, 혈당, 심전도 등)를 분석하고 탑재된 Lab-on-a-Chip을 통하여 주요 질병표지물질을 초기에 발견할 것이다.
- 정상을 벗어났을 때 알려주고, 중앙의료센터에 통보하며, 필요에 따라서는 응급조치용 약물을 투약할 것임.
- 또, 주위 환경을 감지하여 기상, 유해가스 등을 모니터링하며 수질, 식품의 신선도 등을 판단할 수 있을 것임.
- 모양은 나노 기술의 발전 추세에 따라 여러 가지가 가능하겠으나 궁극적으로는 편리하고 인체와 접촉이 될 수 있는(건강 데이터 수집을 위해) 손목시계의 형태가 가장 바람직하다고 봄.

- 한 걸음 더 나아가 OmniComm의 주요 부분을 아예 우리 몸 안에 이식(implant)시켜 버릴 가능성도 있음.

궁극적으로 옴니콤은 스스로 생각하고 결론을 내리는 인공지능 PC의 수준으로 탈바꿈할 것으로 보인다. 무엇보다도 우리나라는 반도체 세계 3위의 생산국(7.7%)이라는 점을 생각한다면 반도체 기술과 이어지는 나노 기술은 결코 지나칠 수 없는 분야이다. 비록 우리의 나노 기술 경쟁력(기술, 인력, 인프라)은 선진국의 10~20% 정도지만 2005년까지 30여 개 핵심 나노 기술 개발에 1.2조 원을 집중 지원할 계획을 세운 우리 정부의 발 빠른 행보를 볼 때 나노 기술 선도국의 가능성은 높다고 본다.

충실히 마련된 테크놀로지 로드맵은 그 가능성을 더욱 높일 수 있을 것이다. 특히, 끊임없이 분석, 수정, 보완된 테크놀로지 로드맵은 목표를 향한 지름길과 기술 개발의 우선순위를 보여주며, 건너뛰어도 될 기술은 생략하고 넘어가게 해줄 것이다.

## 5.8 설계 기술의 변화

본서에서는 가능한 IC의 구조와 동작을 중심으로 기술하여 왔다. IC의 응용에 의하여 열리는 새롭고 다채로운 산업과, 개인 생활의 변혁에 대하여 오히려 이 책을 읽은 사람 자신이 IC의 특질을 이해한 후 스스로 생각하고 실행하기를 기대하고 있다. 그래서 이 절에서는 IC를 이용한 새로운 산업과 이를 위한 설계 환경 등에 대하여 이야기한다.

반도체 및 전자 산업의 세 가지 축으로 가전계열의 오디오/비디오 산업(Consumer), IT 부문의 PC 산업(Computer), 정보통신 산업(Communication)을 일반적으로 일컬을 수 있다. 종래에는 각각 고유한 사업 영역을 구축하며 반도체, 영상표시 장치, 주변기기 산업 등을 활성화시켜 온 제조 산업으로서 급속한 성장을 해왔다. 그러나 산업 성장에 큰 축매 역할을 하였던 디지털 기술의 발전과 아울러 인터넷의 고속화 및 급속한 보급은 각각 고유 영역으로 여겨졌던 오디오/비디오 산업, IT 산업의 대표 격인 PC 산업, 그리고 정보통신 산업은 3G(3rd Generation) 모바일 네트워크 및 홈 무선 네트워크의 등장으로 이제 하나로 융합되게 되었다(3C Integration).

트랜지스터의 발명으로 시작된 소자 기술의 발전은 괄목할 만한 성과를 거두고 있으며, 이는 향후에도 계속될 것으로 전망하고 있다. ISSCC'97에서 예상하였던 2007년에는 최소 트랜지스터 사이즈가 0.1 ㎛ 이하, 게이트 지연이 10 psec 이하인 CMOS가 상업적으로 사용 가능할 것이라는 전망이 현실적으로 가능하게 되었다. 또한 산업체에서도 점점 휴대가 쉽고 성능이 뛰어난 제품을 요구하는 소비자들의 욕구를 만족시키고 급격히 변화하는 소비자의 요구에 대응하는 제품을 출시해야만 한다. 이에 따라서 칩 설계자들은 SoC(System On a Chip)이라는 새로운 IC 설계 방법에 의해 칩 설계 시간을 단축하려고 한다. SoC 설계 기법은 기존의 SoB 설계 환경에서 완전한 시스템을 구성하는 여러 소자들을 하나의 칩 내에 집적시키는 설계 방법이다. 이는 반도체 설계 공정의 발전으로 인한 집적도 증가와 이미 설계된 각 소자들을 재활용하여 설계 기간을 단축하려는 노력이 합쳐져 가능하게 되었다. 따라서 기존 SoB(System On a Board) 설계 환경에서 시스템은 인쇄 회로 기판(PCB: Printed Circuit Board) 상에 다수의 칩을 사용하여 구성되었으나 이를 하나의 칩으로 제조 가능하기에 소비 전력도 크게 감소하고, 시스템의 크기도 작아지는 이점을 갖는다.

비메모리 반도체 설계 방법론은 최근 급격한 변화를 겪고 있다. 그림 5.8은 비메모리 반도체 설계 방법론의 변화 과정을 보여준다. 대략 25만 게이트급 정도까지의 복잡도를 갖는 ASIC 설계 방법론을 Timing Driven Design(TDD)이라고 부르는데, 이때의 주된 설계 작업은 ASIC에 주어진 수행 시간, 칩의 면적, 소모 전력 등을 줄이기 위해 설계자가 하드웨어 합성, 배치 및 배선의 설계 작업을 수행한다. 이를 위해 설계자는 시스템의 기능 사양 설계, 하드웨어 합성, 로직레벨의 게이트 설계, 레이아웃 등 일련의 시스템 설계 작업을 모두 수행한다. 이러한 설계 방법은 현재에도 작은 규모의 비메모리 반도체 설계에 계속 적용되는 설계 방법이다. 이 방법은 작은 시스템 설계에서는 성능이 좋은 비메모리 반도체를 설계할 수 있지만, 설계의 복잡도가 증가하면 설계자가 다루어야 하는 설계의 기본 단위, 즉 로직 게이트 또는 레이아웃 계층의 수가 너무 많아져서, 그만큼 설계 시간이 지나치게 길어진다는 심각한 문제를 가진다. 따라서, 고부가 가치의 복잡한 비메모리 반도체 제품의 시장 출시 시간을 맞출 수 있는 설계 방법이 될 수가 없다.

150만 게이트 급까지의 복잡도를 갖는 반도체칩 설계를 위해 새로이 시도되는 설계 방법론을 Block-Based Design(BBD)이라고 한다. 이 방법의 기본 전략은 복잡한 시스템을 설계할 때 설계자가 다루는 설계의 기본 단위를 기존의 로직 게이트나 레이아웃 수준이 아닌 좀 더 큰 단위로 높이는 것이다. 그래서, 이 방법의 이름에 block이라는 용어가 사용된다. 이 방법에서는 하나의 블록이 수 천, 수만 또는 수십만 개의 게이트들로 구성되므로, 설계자가 다루는 블록의 개수는 시스템 전체의 게이트 수보다 훨씬 적어, 설계 시간의 단축이 가능하다. 그러나 이 방법에서 설계 생산성을 결정하는 것은 설계의 단위로 사용하는 블록이 설계자가 얼마나 사용하기 쉬운가에 달려 있다. 이러한 블록은 로직 게이트와 같이 단순한 동작을 하는 것이 아니라 복잡한 연산을 수행한다. 그리고 이러한 블록은 이전의 설계에서 만들어졌던 것을 재이용한다. 예를 들어, MPEG을 수행하는 하나의 블록을 생각해 볼 수 있다. 이러한 복잡한 연산을 수행하는 블록을 한 번 만들어 놓고, 다른 설계자들이 사용하기 위해서는 이러한 블록은 설계자가 재사용하기 쉽게 만들어져야 한다. 이를 위해서 필요한 것은 체계적인 재사용 가능한 블록 설계, 즉 체계적인 IP의 설계이다.

체계적인 IP 설계를 위해 필요한 것은 (1) IP의 인터페이스 정의, (2) IP의 검증방법, (3) IP를 통합하는 방법 등의 표준화가 중요하다. 기존의 Block-Based Design에서는 이러한 체계적인 방법을 구축하지 못했다. 비록 기존에 설계된 IP들을 재사용하여 설계를 수행하더라도, 그 IP의 인터페이스를 설계자가 원하는 인터페이스로 만들기 위해, 그 IP의 기능 및 성능을 설계자가 다시 확인하기 위해 검증 작업을 추가로 수행하면서, IP를 통합하여 시스템을 구성할 때 설계자가 IP 하나하나 마다 모두 손으로 연결하며 IP를 추가하면서, 설계자는 설계 시간의 대부분을 소모하게 된다. 따라서 IP를 재사용함으로써 기대할 수 있는 설계의 용이성이 그리 향상되지 않는다.

BBD의 이러한 단점을 극복하고 시스템의 설계 능력을 더욱 향상시키기 위한 방법이 플랫폼 기반 설계(PBD: Platform Based Design)이다. 이 방법의 핵심은 (1) 체계적인 IP의 재사용과 (2) 재사용의 수준을 시스템 레벨까지 높인 것이다. PBD에서는 체계적으로 IP를 재사용하기 위해, (1) IP 인터페이스의 표준화, (2) IP 기능 검증을 위한 테스트벤치의 재사용, (3) IP 성능 사전 분석, (4) 기능적 모델부터 레이아웃까지의 하나의 IP에 대해 모든 표준화된 데이터를 준비하고 있다. 그림 5.8은 platform 기반 SoC 설계의 예를 보여주고 있다.

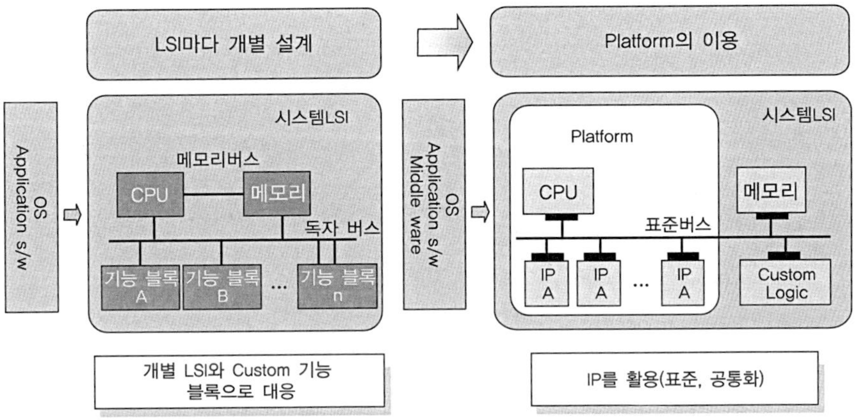


| 그림 5.8 | Platform 기반의 SoC 설계

설계에서 재사용되는 시스템 구조를 플랫폼이라 한다. 플랫폼의 구체적 사양은 응용 분야를 감안하여 결정한다. 예를 들어, 무선단말기 응용 분야의 경우 플랫폼은 무선통신을 수행하는 baseband 프로세서, 제어를 수행하는 프로세서, 화상 및 음성 신호를 처리하는 신호 처리 프로세서, 전력을 제어하는 컨트롤러, 사용자 인터페이스 컨트롤러 등이 칩 상의 버스에 연결되는 구조로 이루어질 수 있다.

이러한 플랫폼은 하나의 제품을 만들고 난 후, 비슷한 신제품 개발 시 시스템 설계 시간을 현저히 단축시키는 역할을 한다. 기본 기능은 동일하지만 소비자의 세밀한 요구의 수용이 매우 중요한 최근의 정보통신 기기들은 기존 제품에서 일부 기능을 약간 변경하는 것만으로 시장에서 새로운 경쟁력을 획득할 수 있다. 이러한 경우 platform이 새로운 시스템의 90% 부분을 차지한다면 새로운 시스템에 추가, 변경되는 부분을 설계하기 위해서는 설계자는 10% 부분에 대한 설계에 노력을 주로 기울이면 신제품 설계가 빠른 시간에 가능해진다. 따라서, SoC 설계의 경쟁력을 향상시키기 위해서는 플랫폼 기반 설계 방법은 꼭 필요하다. 표 5.1은 앞에서 설명한 3가지 설계 방법론을 요약한 것이다.

SoC 분야는 기존의 ASIC 설계 방법론인 TDD 또는 BBD 방법론으로는 설계 생산성이 극히 낮아 시장출시 시간을 만족하는 설계를 할 수 없어 새로운 설계 방법론의 적용이 필요한 분야이다. 이에 비해, 국내의 비메모리 반도체 연구기반 구축은 여전히 ASIC 설계 지원 수준에 머물러 있다고 할 수 있다. 따라서 기술적으로 한 차원 진보된 platform 기반 SoC 설계 방법론을 적용한 설계기반 구축이 필요하다.

| 표 5.1 | 각 설계 방법론의 특징

| 설계 방법론 | 설계 복잡도 | 핵심 기술 | 해결할 문제 |
|---|---|---|---|
| Time-Driven Design | < 25만 게이트 | 하드웨어 RTL 합성 | 복잡도 증가에 따라 설계 능력 부족 |
| Block-Based Design | < 150만 게이트 | IP 재사용 | 체계적인 IP 재사용 |
| Platform-Based Design | > 150만 게이트 | 플랫폼 및 IP 재사용 | |

SoC 설계 분야는 소프트웨어 및 하드웨어 설계에 관한 여러 전공분야의 공동 연구가 무엇보다도 필요한 분야이다. 이러한 공동 연구를 위해서는 여러 다른 연구 분야의 연구원들이 하나의 공통된 환경에서 연구를 수행하는 것이 필요하다. 공통된 사항으로 SoC 설계 환경, multiprocessor SoC platform, 프로토타이핑 시스템 등이다. 또한, 공동 연구 결과물인 SoC 설계를 실제 칩으로 제작하고 그 동작을 검증하는 과정도 필수적이다.

IP(intellectual property) 기반 SoC 설계는 반도체 기술의 발달과 시스템의 성능 향상 추세를 만족시키기 위해서는 피할 수 없는 대세의 흐름이다. 성공적인 IP 비즈니스 모델 개발, IP 재사용 설계 방법 개발이 매우 중요하다고 본다. 현재 세계 IP 시장은 소수의 star IP 공급자에 의하여 주도되고 있으며, 이들은 매우 높은 수익률을 기록하고 있다. 국내에는 아직 IP 개발과 공급을 주 사업으로 하는 회사가 많지 않으나 IP의 개발과 이를 이용한 설계가 세계 반도체 산업의 새로운 주류가 되고 있으므로 이 부분의 집중적인 육성이 필요하다.

이와 같은 반도체 산업의 변혁이 이끄는 새로운 산업이 어느 정도 새로운 고용을 창출하는가가 중요하다. IC의 발전은 큰 고용을 창출한다고 예측되어 왔으며, 그 한 예로 IC를 만드는 면에서 설계, 시험 등 IC가 복잡화하면 할수록 프로그램하기 위해서 그만큼의 설계하는 사람을 필요로 하고 있다. 또 하나의 커다란 고용 가능성은 IC 응용 측면에 있다. 즉 마이콤을 여러 분야에 응용하기 위하여 많은 사람의 손을 요하는 것이다. 막상 반도체의 진보에 의하여 단순 작업은 점점 자동화가 많아져서 공장의 무인화가 추진되고 전표를 뒤척이면서 계산하는 사무원도 점점 줄고 있다. 그러면 인간은 무엇을 하게 되는 것일까? 당연히 마이콤을 포함하는 기계가 할 수 없는 일을 하게 되므로 보다 인간적인 일을 하게 될 것이다. 우리가 반도체 기술을 통하여 어떠한 정보를 거두는가? 또는 이 정보를 어떻게 판단하는가가 보다 즐거운 생활을 누릴 수 있는 길이 될 것이다.

CHAPTER

# 6

# 인간중심의 반도체 기술

## 6.1 인쇄 기술

집적 회로(IC)의 발명은 기술적인 면에서나 인류에 미친 영향에 있어서 15세기 중반 독일의 구텐베르그에 의해 발명된 인쇄 기술에 대비되는 유사성을 가지고 있다. 금속 활자와 같은 새로운 인쇄 기술이 발명되기 이전에 서류와 도서를 보관하기 위해서 일일이 손으로 필사하는 노력이 필요했다. 그러나 구텐베르그는 납합금을 이용한 금속 활자를 만들고 이를 활판에 조합하여 인쇄할 수 있는 활판 인쇄술을 발명한 후, 활자의 제작과 관리가 쉽고 한 번 활판으로 제작하여 인쇄한 후 다시 분리하여 또 다른 도서를 인쇄할 수 있는 기술의 보급으로 책을 대량 출판하는 것이 가능하게 되었다. 이렇게 인쇄 기술의 급속한 발달로 일반인들도 쉽게 구할 수 있는 책을 통해 정보를 공유하게 됨으로써 문명의 진보가 급속해 졌다고 볼 수 있다. IC의 경우도 구텐베르크의 인쇄 기술과 동일한 수준의 기술적인, 문명적인 의미를 갖는다. 반도체 집적 회로는 손톱만큼 작고 얇은 실리콘 칩에 지나지 않지만 하나의 칩 내부에 수십만에서 수백만 개의 트랜지스터, 다이오드, 저항 그리고 커패시터와 같은 부품들을 내장하고 있다. 따라서 IC의 제작을 위해서 수많은 부품들의 위치를 지정하고 이들을 각각 연결하는 배선이 필요하며, 이는 미세하고 복잡한 여러 층의 패턴으로 만든다. 이와 같은 복잡한 과정을 통해 일단 칩 내부 회로의 패턴이 만들어지면 이를 사진 기술과 같이 전사에 의해 사진 인화할 때의 필름과 같은 것을 제작하고 이를 마스크라 한다. 반도체 칩 제작에서 설계 과정이 자동화되어 있더라도, 제작해야 할 모든 칩의 내부 부품 각각의 위치와 이들 간의 배선이 동일하지 않다면, 웨이퍼 가공의 자동화가 어렵기 때문에 칩 제작 시간이 많이 소요된다. 따라서 인쇄 기술에 사용된 활판처럼 한 번 마스크가 제작된 이후에는 전사에 의해 이와 같은 복잡한 패턴을 쉽게 복사하여 대량으로 제작할 수 있다. 이 전사에 의하여 얻어지는 IC의 발명은 새로운 대량 생산의 방법으로서 디지털 시스템의 가격, 성능, 신뢰성에 대폭적인 변화를 가져와 생활 속에 급속하게 보급되어 문명의 발달이 빠르게 진행되고 있다.

집적도는 하나의 칩에 내장될 수 있는 트랜지스터의 수를 의미한다. 1965년 반도체 칩에 내장되는 트랜지스터의 집적도를 그래프로 그리던 인텔의 창업자 고든 무어는 매년 반도체의 집적도가 2배씩 증가한다는 사실을 발견하였고 이후 18개월 혹은 2년에 2배씩 메모리의 집적도가 증가한다는 수정된 무어의 법칙을 제시하였다. 집적도의 증가는 동일한 크기의 반도체 칩에 더욱 많은 트랜지스터를 내장할 수 있음을 의미하며, 반도체 칩은 IC, LSI 그리고 VLSI의 순으로 발전해 왔다. 그 결과 트랜지스터당 가격은 급속도로 하락되었고 더 많은 반도체 어플리케이션들이 개발되는 반복 과정이 일어났다. 즉 무어의 법칙에 따라 집적도가 높아져 반도체의 성능은 더욱 강력해지고 트랜지스터당 가격은 기하급수적으로 떨어졌다. 결국 반도체 칩에 아무리 복잡한 전자 제품이라도 휴대용 크기로 작게 만들을 수 있는 기술이 얻어진 것이다. 현재 인텔이 생산하는 펜티엄 4 프로세서에는 1억 개 이상의 트랜지스터가 내장되어 있고 이는 이전에 사용된 대형 컴퓨터의 복잡도와 성능을 능가하고 있다. 또 오븐, 냉장고, 세탁기 그리고 TV 등 다양한 가정용 가전에 마이크로컴퓨터를 내장하여 사용자에 편리한 기능을 추가할 수 있게 되었다.

인쇄 기술과의 관련으로 흥미로운 점은 IC가 보급되어 인쇄물의 경향을 바꾸어 놓았다고 할 수 있다. 즉 인터넷 TV의 경우 기존 TV가 수동적으로 공중파 혹은 케이블 방송만을 볼 수 있는 데 반해, TV와 연결된 키보드에 원하는 방송을 타이핑함으로써 기존 TV에서 수신 가능했던 방송뿐만 아니라, 다양한 인터넷 방송도 수신 가능하고 쌍방향 인터페이스가 가능하다는 장점을 갖는다. 또 회사에서는 사내의 전산 네트워크 시스템을 통해 전자 결재 시스템을 마련하고 있다. 이는 예전처럼 결재를 위해 서류를 직접 인쇄하지 않고 컴퓨터의 파일로 결재자에게 전송하여 승인을 얻을 수 있다. 이 뿐만 아니라 종래에 문서로서 보관하였던 서류를 디스크 내에 파일로 저장하고 이를 사내에서 누구나 액세스 가능토록 하여, 문서를 찾기 위해, 혹은 보관하기 위해 들이는 노력을 줄여 보다 효율적으로 업무를 수행할 수 있다. 오늘날 인쇄물의 기능은 기억과 표시에 있으며, 이러한 기본 역할을 LSI에 의해 할 수 있게 된 것이다.

대부분의 경우 기능이 같더라도 기술은 크게 다른 경우가 많다. 그러나 IC와 인쇄 기술의 경우 기술 역시 동일한 점이 있다. 즉, 대량 생산을 위해 원본의 활판과 전사 가능한 마스크가 필요하다. 그러나 인쇄 기술과의 반도체 칩 기술에도 몇 가지 틀린 점이 있다. 우선 인쇄의 경우 문자의 종류는 비교적 적으며, 글자의 형태의 변형에도 한계가 있다. 그러나 집적 회로에 사용되는 소자의 형태에 제한 없이 항상 구조와 성능을 개량할 수 있다. 또 인쇄의 경우는 저자가 생각하여 쓴 글과 그림은 독자에게 전달하는 것이고, 어떠한 글씨를 조합할 지는 인쇄 기술의 문제가 아니고 내용의 문제이다. 한편 LSI의 경우는 수행해야 할 동작은 이미 주어지고 이에 대응하는 부품의 위치 지정과 배선은 집적 회로 설계자에게 맡겨져 있고, 더욱이 시스템으로서 어떠한 기능까지 수행하는가는 한계를 알 수가 없다. 사용자가 어떤 프로그램을 기능을 수행할 것인가에 따라 달라지기 때문이다. 즉 인쇄 기술과 상반되는 집적 회로의 특징은 사용자의 독창성에 더 많은 기대를 걸 수 있다는 점이다.

## 6.2 인간의 오감 실현

인쇄 기술의 발명으로 인한 인류 문화사에 미친 영향과 대비되는 집적 회로의 기술에서 가장 대표되는 것은 마이콤일 것이다. 마이콤의 어원은 마이크로컴퓨터의 약칭으로 마이크로컴퓨터를 하나의 반도체 칩에 집적시킨 IC를 의미한다. 마이콤은 복잡한 연산, 데이터의 처리 그리고 제어 기능을 담당하는 마이크로프로세서와 다양을 정보를 저장하기 위한 메모리 장치와 다양한 전자제품과 연결하기 위해 데이터의 입출력을 담당하는 인터페이스 회로를 내장한 집적 회로다. 이러한 마이콤은 가전제품 및 게임기, 자동차의 제어 회로 등 다양한 분야에 사용되고 있다. 마이콤은 내부에 저장된 프로그램을 순서적으로 처리하며, 수행해야 할 일의 순서를 지정한다. 따라서 프로그램을 작성할 때는 일의 순서를 지정하는 표가 필요하며 이를 보통 플로차트라고 부른다. 플로차트를 작성하기 위해 프로그램이 실행되어 종료될 때까지 일어날 수 있는 모든 경우를 먼저 고려한 후 이들의 순서를 결정하여야 한다. 플로차트의 예로서 아침에 일어나서부터의 일상생활의 일부를 정리하여 본 것이 그림 6.1이다.

우선 아침 괘종시계의 벨이 울린다. 벨소리에 일어나면 아래 보기의 YES의 화살에 따라 세면을 한다. 일어나지 않으면 좌측의 NO의 화살에 따라 다시 일어날 때까지 괘종시계의 벨을 울린다. 다음은 세수를 하여도 눈을 뜨지 못하면 몇 번이라도 얼굴을 씻으면 된다. 눈을 뜨면 아침식사를 하고, 이어서 출근을 한다. 물론, 교외에 거주하고 있으면 버스의 배차 시간이 길어 시간 계획에 어려움이 있을 수 있다. 출근 시간에 여유가 있다면 YES의 경로로 진행하여 정류장으로 향한다. 그렇지 않을 경우 택시를 호출해야만 늦지 않게 출근할 수 있다. 이렇게 진행 순서와 실행 여부에 따라 그 후 각양각색의 수많은 프로그램이 작성될 수 있다.

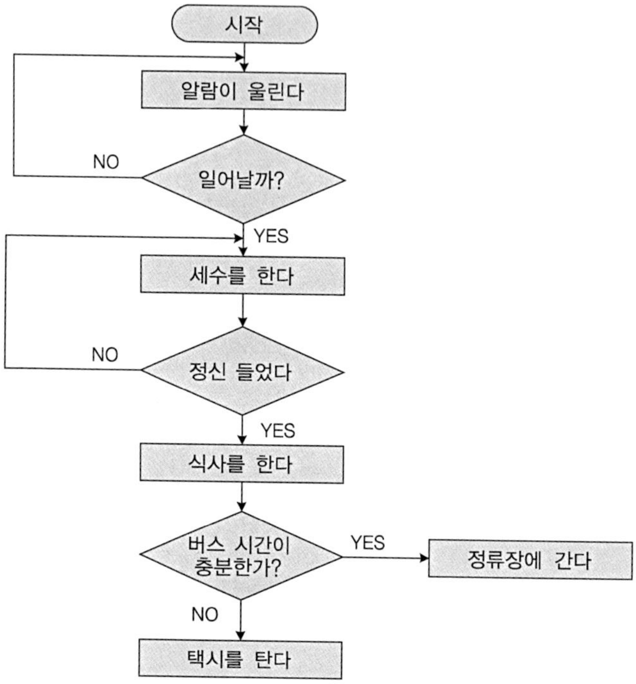


| 그림 6.1 | 아침 시간의 플로차트

이 프로그램의 최초는 괘종시계를 울리는 것이다. 다음의 일어났는가가 NO로 루프를 그리는 부분은 괘종시계에서 실현되고 있다. 즉 일어나 버턴을 누르지 않는 한 1분 간격으로 몇 번이라도 시계가 울려야 한다. 그러나 그림 6.1과 같이 여러 가지 조건에 대응하기 위해 여러 가지 경우에 대한 시계가 필요하기 때문에 시스템의 제작이 복잡해지게 된다. 현재 세탁기 및 TV 등 여러 가전제품에는 내장된 타이머에 의해 세탁 시간이나 예약 시청이 가능하나, 고급 세탁기는 세탁물의 종류와 세탁 및 탈수 등 여러 가지 조건에 따라 시간 설정이 필수적이고, 각각의 동작에 따른 타이머를 설정하는 것은 비용적인 문제가 발생한다. 따라서 여러 동작 조건에 따라 하나의 타이머를 동작시킬 수 있도록 마이콤을 도입하는 것이 유리하다.

이러한 마이콤의 기본 구성은 그림 6.2와 같이 나타낼 수 있다. 먼저 중심에 CPU가 있다. 이것은 센트럴 프로세서 유니트라 부르며 마이콤의 두뇌부분에 해당하는 것이다. CPU의 일부에 프로그램 카운터가 있다. 이것은 프로그램에 지시된 사항을 순서적으로 메모리에 기억시키고 동작시킨다. 여기에는 괘종시계를 울린다는 처리와, 그 동작이 일어났는가 라는 판단이나 비교 등도 있다. 이와 같은 처리, 판단, 비교 등을 실행하는 순서를 기술한 것을 명령이라 부른다. 이 명령을 기억하고 있는 것이 ROM이다. 프로그램 카운터는 저장된 플로차트에 따라 각각 실행을 순서대로 ROM에 전달하면 ROM은 이에 대응되는 명령을 순차적으로 CPU에 보내고 CPU는 그 명령을 해석하고 실행한다. 이 사이에 계산에 필요한 데이터나 계산 결과는 일시적으로 RAM에 저장한다. CPU는 이들 메모리에 들어있는 정보를 순차적으로 꺼내고 2장에서 설명한 방법으로 가감승제 등의 연산이나 비교, 판단 등을 행하는 것이다.

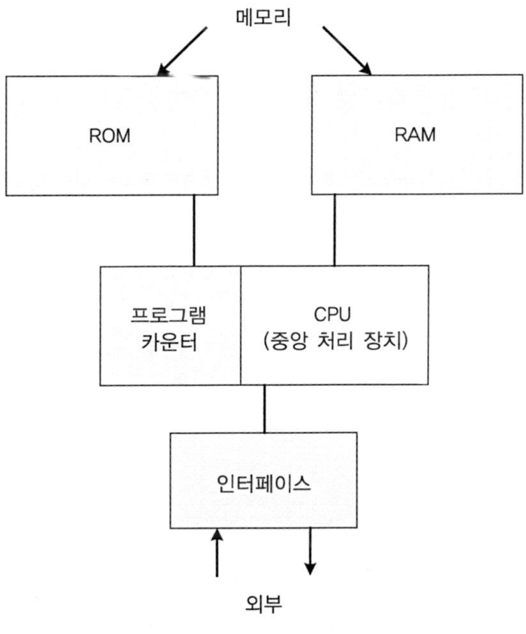


| 그림 6.2 | 마이크로프로세서의 기본 구조

마이콤이 일반가정에서 사용되는 가전제품에 까지 널리 사용되고 있는 것은 보편화된 기능과 경제성에 있다고 볼 수 있다. 마이콤에 의하여 전기 신호로 되는 처리는 대부분의 기능이 프로그램으로 수행될 수 있고, 고집적화된 메모리의 출현으로 많은 정보를 경제적으로 기억하는 것이 가능하게 되었다. 한편 IC 내부의 전기 신호와 외부 다른 시스템과 인터페이스, 즉 "연결"의 부분은 여러 가지 상태가 있어 통일이 어렵지만, 최근에 USB가 등장하여 이 부분도 많은 해결이 되었다고 볼 수 있다. 그러나 사람과의 직접적인 인터페이스는 지금부터라고

생각된다.

인간의 오감에 대응하는 인터페이스의 부분을 담당하는 디바이스를 "센서"라 부른다. 컴퓨터에게 인간의 감성을 인지시키고 학습과 적응을 통해 인간의 감성을 처리할 수 있는 감성 지능 능력을 부여하는 것을 감성 지능형 컴퓨팅이라 한다. 감성 지능형 컴퓨팅 기술은 인간의 오감에 해당되는 감각을 컴퓨터가 인식하고 입력된 감성 신호에 따라 상황에 맞는 적합한 동작을 수행할 수 있도록 한다. 이는 인간과 컴퓨터간의 의사소통의 차이를 줄이고자 하는 것이다. 컴퓨터에게 학습과 적응을 통하여 인간의 감성을 처리할 수 있는 능력을 부여하여 인간과 컴퓨터의 효율적인 대화를 목표로 한다.

오감 중에서 가장 정보량이 많고 중요한 것은 눈에 의한 관찰일 것이다. 인간이 외부에 대한 정보를 입력 받아서 인지하는 과정에서 시각이 차지하는 비중은 70% 이상이며, 인간의 시각과 뇌의 연산 기능에 해당되는 영상 처리 기술은 여러 분야에서 사용되고 있다. 눈의 역할을 하는 대표적인 반도체 디바이스는 CCD 카메라이다.

CCD는 전하 결합 디바이스의 약자로 단면 구조는 그림 6.3과 같이 MOS 게이트 구조가 연속적으로 배치되어 있는 것이다. 그림에서는 게이트 2의 바로 아래에 있는 소수 캐리어의 정공을 게이트 3의 아래에 이동하려는 순간을 나타낸다. 게이트 3에는 게이트 2보다 큰 부의 게이트 전압이 가해지기 때문에 정공은 게이트 2의 아래보다 게이트 3의 아래쪽으로 이동하기 쉽다. 즉 포텐샬은 점선으로 표시한 바와 같이 정공이 게이트 3쪽에 떨어지도록 되어있다.

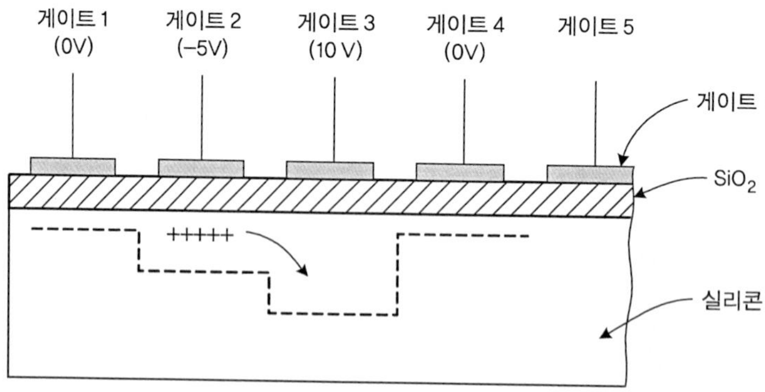


| 그림 6.3 | CCD의 원리

이와는 역으로 게이트 1에는 게이트 2보다 적은 전압이 걸려 있기 때문에 정공은 게이트 1의 방향에 되돌아가지 않고 오른쪽 방향으로 이동한다. 대부분의 정공은 게이트 3의 아래로 이동한 곳에서 게이트에 걸려 있는 전압으로 인해 전부 오른쪽으로 우로 하나씩 이동한다. 이것에 의하여 정공은 게이트 4에 이동하여 간다.

CCD는 비디오카메라 혹은 일반 카메라에 사용되며, 미세한 화상을 전송하기 위해서는 작은 게이트를 연속해서 배열할 필요가 있어 VLSI 기술이 유효하게 사용되는 분야 중 하나이다. 또한 CCD와 더불어 영상을 인지할 수 있는 소자로 최근에 CMOS형 이미지 센서가 많이 사용되고 있다. 이 소자는 빛을 쬐이면 실리콘 PN 접합 다이오드에서 광 여기로 인하여 전하의 이동이 일어나는 것을 감지하는 원리이다. CMOS 이미지 센서는 완전히 MOS 트랜지스터 기술로만 제작이 가능하기 때문에 CCD보다 공정이 단순하여 제작이 용이하고 다른 칩들과 동일 웨이퍼 상에 공존할 수 있는 소자로 각광을 받고 있다. 응용 예로 자동차에서는 마이콤과 센서를 통해 엔진과 다른 여러 부품의 온도, 압력, 배기가스 성분을 측정하고 이를 토대로 안전하게 자동차가 주행할 수 있도록 제어하고 있다. 최근에는 카메라와 결합하여 차고에서 자동주차 및 아주 좁은 길에서 안전한 운전을 할 수 있도록 도와주는 기능들도 센서가 담당하는 부분이다.

시각뿐만 아니라 청각에 대해서도 반도체 집적 회로를 이용하여 구현할 수 있다. 일례로 보청기와 같은 반도체 IC를 이용하여 청각장애가 있는 사람들에게 도움을 주기도 한다. 또한 인간의 음성은 음성의 질, 높이, 강도, 속도, 템포, 억양 그리고 악센트 등에 따라 서로 다르게 나타난다. 이들 특성들은 성대의 길이와 같이 선천적인 요인과 말하는 악센트와 억양과 같은 후천적인 요인에 의해 나타난다. 이러한 음성 파라미터들을 이용하여 본인 확인이 가능하다. 반도체 IC를 통해 인간의 음성을 직접 인식하여 보안 시스템, 개인용 컴퓨터나 혹은 홈네트워크 시스템을 제어할 수도 있다.

온도의 측정에도 반도체가 널리 사용된다. 반도체는 온도에 민감하여 온도에 따라 전하량이 변화하는 것을 이용하는 것이며, 서미스타가 그 대표적인 것이다. 압력도 실리콘 센서를 이용하여 측정할 수 있으며 의료, 가전, 군사용 등 다양한 분야에서 응용되고 있다. 실리콘 공정을 이용한 압력 센서는 압력 감도가 크고 소형 경량으로 대량 생산이 가능하고 주변 회로와의 집적화가 쉬운 특성을 갖는다. 가스의 센서도 가스에 대한 것, 도시 가스에 대한 것 등이 개발되어 있다.

마지막으로 미각 센서의 발명은 다른 감각의 센서들에 비해 구현이 어렵고 각 개인의 성향이 좌우하는 부분이 커서 쉽지 않을 것으로 예상되고 있다. 이는 맛을 느끼는 메커니즘이 아직 해명되지 않았고 이를 반도체 IC를 통해 구현하는 방법이 아직 만족할 만한 단계에 도달하지 않았다.

## 6.3 인간과의 대화

IC와 외부 세계와의 연결은 궁극적으로 IC와 인간과의 대화이다. 즉 인간의 명령이나 입력하고자 하는 정보를 IC에 부여하고, IC가 처리하여 얻은 정보를 인간이 다시 이용하는 것이다. 현재 IC가 처리한 정보를 인간이 이용하는 방법에 대해 여러 가지 장치가 이미 개발되어 있다. 워드프로세서와 같이 문서를 타이핑하여 인쇄하거나, 디지털시계에 사용되는 액정 화면 그리고 TV 또는 모니터에 사용되는 CRT, LCD 기술 등 많은 종류가 일상생활에서 유용하게 사용되고 있다. 그리고 대부분의 이러한 기술은 개인용 PC와 접목되어 있어 쉽게 사용할 수 있다. 입력 방법으로 지금까지는 키보드를 통해 타이핑한 문서를 PC 모니터 화면으로 확인하였으나, 사용자가 직접 PC에 구두로 명령할 수 있다면, 더욱 편리함에 틀림이 없을 것이다. 또 PC가 모니터 화면으로만 정보를 전달하면 사용자가 이를 지켜보지 않는 유효하지 않으나, 음성으로 정보를 전달할 수 있다면 더욱 효과적으로 사용할 수 있다. 이러한 사용상의 편리성과 요구 사항을 만족시킬 수 있는 반도체 IC의 개발이 이루어지고 급속도로 이러한 분야의 응용이 진행되고 있다.

음성의 합성과 인식, 즉 이야기하는 것과 듣는 것을 비교하면 듣는 쪽이 어렵다. 이 점은 우리들이 외국어를 사용하는 경우에도 유사한 경험을 한다. 외국어의 공부를 시작하였을 때는 말하는 것은 전혀 안되나 듣는 것이라면 자주 듣는 단어를 짜 맞추어 말하면 듣는 것은 비교적 쉽다. 그런데 어느 정도 외국어 실력이 향상되고 통역이 가능한 정도가 되면 상황이 완전히 역전한다. 즉 말하는 것이 더 쉬워지는데, 이는 자기가 알고 있는 단어를 사용하여 어떻게든지 자기 페이스로 이야기할 수가 있다. 문장을 기억하고, 필요한 때 발성하는 제일 간단한 방법은 테이프를 사용하는 것이다. 그러나 테이프의 경우는 녹음한 내용은 그 순서로 재생되어진다. 또한 테이프 레코더와 같이 기계적 동작이 들어가면 고장이나 수명에서 제한을 받아 불편하다. 이러한 불편함을 해소하기 위해 플래쉬 메모리를 사용한 MP3 플레이어와 같이 IC에 의하여 디지털로 기억하고 재생하는 방식이 개발되고 있다. 우선 아날로그적인 음성 신호를 가장 간단하게 디지털로 전환하려면, 첫번째로 음성의 파장을 시간적으로 샘플링하여 그 시간의 전압치로서 저장하는 것이다. 보다 효과적인 방법은 음성의 본질적 특징을 파악하여 저장할 정보의 양을 줄이는 것이다. 즉, 음성 발생의 메커니즘을 조사하여 그 특징적인 파라미터를 이용하는 것으로 일본의 한 연구소가 개발한 파코르 방식이 대표적이다. 음성 발생 기관은 그림 6.4와 같은 모습을 갖는다. 유성음의 경우 몸속 내부에서 부터의 성대가 진동한다. 이 성대파의 주파수는 남성의 경우 100 ~ 200 헤르츠 정도이다. 이 성대파가 성도 내에 공진하여 음성으로서 나온다. 이 공진은 성도의 현상에 따라 여러 가지 음성이 된다. 즉 성대파를 분석하면 주파수 스펙트럼이 만들어지고, 주파수 특성의 각 피크치가 음성의 음색을 결정하며 이들 피크치만을 전기적 휘트라로 재현되면 적은 비트 수로 음성을 재생할 수가 있다.

한편 음성의 인식에 있어서도 합성과 같이 특징의 추출이 중요하며, 음성을 무조건 알아듣는 것은 일반적으로 어렵다. 보통 말하는 예로서 "귀사의 기자가 기차로 귀사하였다"란 문장을 사람간의 대화에서조차 음성만으로는 정확히 판단하는 것이 어려울 것이라 생각한다. 여기에 대응하는 방법으로 발음 자체와 전후에 오는 언어와의 관련성을 미리 데이터베이스화하여 사전에 저장한 후, 이를 참조하는 것이 효과적이다. 또 다른 방법은 보다 빨리 실용화하기 위해 사용할 용어를 제한하는 방식으로 "열어라 깨"와 같이 사용할 단어를 몇 개로 제한하든가, 미리 사용할 사람의 특정 용어를 메모리에 등록한 후, 이를 참조할 수 있다면 구현이 쉬울 것이다. 이러한 인식에 대하여는 음성뿐만 아니고 문자 인식 즉 읽어 내는 데 대해서도 음성과 동일한 제한이 필요하다. 일례로 우체국에서 사용하는 전자 장치가 손으로 쓴 우편번호를 쉽게 읽어 내기 위해 인식해야 하는 문자는 0 ~ 9까지의 숫자로 제한된다. 문자 인식도 상용 한자정도까지 포함하면 손으로 쓰는 것을 인식하는 것은 불가능할 것이고 활자로 제한해야 할 필요가 있을 것이다.

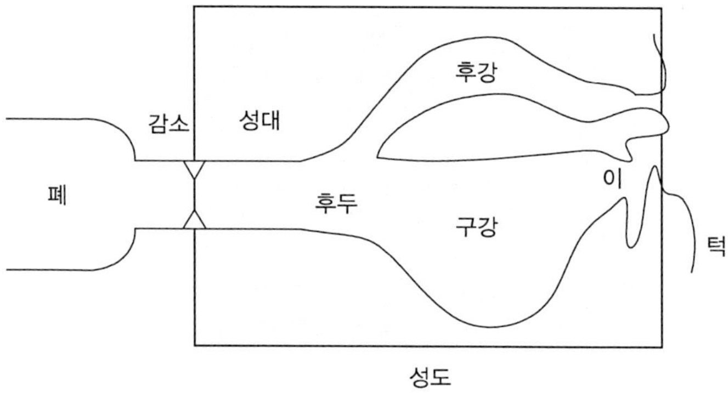


| 그림 6.4 | 음성발성기 내부 모양

## 6.4 바이오칩

현재 실리콘 반도체는 소자의 미세화 및 집적화 기술로 소형화되고 있지만 앞으로 한계가 올 것으로 보고 있다. 그 대안으로 1개의 분자를 전자소자로 하는 분자소자에 대한 연구가 행해지고 있다. 인간의 생체는 유전자 DNA에 쓰인 정보에 따라 분자가 만들어지고, 분자가 모여 기능 블록을 만드는 작용을 하고 있다. 유전자와 같이 분자의 배치를 알면 아미노산을 배열하여 단백질을 만들고, 단백질을 모아서 하나의 기능을 수행하는 또 다른 개체를 만드는 것이 가능하다. 이렇게 하여 소자를 만들 수 있다면 분자가 대단히 적으므로 100Å정도의 소자도 만들 수 있을 것이다. 이와 같이 생체분자 혹은 이러한 현상을 모델로 하는 인공으로 만든 분자를 전자소자에 도입하고자 하는 것이 바이오칩이다.

바이오칩에 대한 개념은 약 30년 전인 1970년대 말 미국의 McAlear의해 생체분자를 이용한 분자소자가 제안된 것이 그 시작이다. 그러나 이때 제안된 모델은 바이오칩을 제작하기 위해 만들어진 모델로 실제 분자소자의 개념을 나타내지는 못했지만 바이오전자 기술에 커다란 공헌을 하였음에는 더 할 나위가 없다.

바이오칩은 생체분자가 모여서 어떤 기능을 하는 성질을 모델로 한 것이지만 실제로 해당되는 물질은 아직 명확하게 밝혀진 바는 없다. 그러나 생체분자의 기능을 모방한 소자를 많이 연구하고 있어 조만간에 새로운 전자소자가 출현할 것으로 보인다. 바이오칩을 만들기 위해서는 생체분자가 갖는 특성을 어떻게 응용할까가 대단히 중요하다. 지금 까지는 생체분자를 이용한 반도체, 콘덴서,

스위칭소자 등을 만드는 연구가 많이 진행되어 왔다. 만들고자 하는 기능 및 시스템에 따라 사용되는 생체물질도 다르며, 예로 기억소자 기능을 하는 생체물질로는 DNA, RNA도 여기에 포함된다.

단백질 생체분자의 전기적 특성을 이용한 단백질 칩은 아직도 연구 단계에 있으며, 바이오칩을 제작하기 위해서는 단백질에 대한 공학적 기술이 필요하다. 단백질 공학이라 함은 단백질의 안정성을 높이는 것과 단백질이 새로운 기능을 가지도록 분자 레벨에서 개량하는 기술을 말한다. 즉 단백질이 바이오칩 소자로 사용되기 위해서는 장기간에 걸쳐 안정해야 하고 전기적 특성이 뛰어 나야 한다. 또, 새로운 단백질을 만드는 것이 바이오칩을 실생활에 적용하는 지름길이 될 것이다.

## 6.5 생체 기능 모델소자

인간의 뇌의 정보 처리 기능은 우리가 갖고 있는 생체 기능 중에서 가장 많은 관심을 가지고 있는 부분이라고 볼 수 있다. 뇌를 구성하고 있는 것은 신경세포이고 정보 처리를 하는 곳은 신경세포 및 신경세포와 결합하고 있는 시납스가 작용하는 것이다. 시납스에서는 세포간의 정보 전달이 화학 물질을 통하여 이루어진다. 이러한 시납스의 기능을 구현하는 것이 쉬운 일은 아니지만 이 기능을 인공적으로 재현하는 것이 정보 처리의 기본이 되기 때문에 신경시납스를 모델로 하는 바이오 전자에 관심이 많아지고 있다.

신경세포에는 전선과 같은 작용을 하는 뉴런에 신호가 전반되고 말단의 시납스에서 트랜스미터가 방출되어 또 다른 신경세포로 신호가 전달된다. 따라서 트랜스미터와 같은 출력을 모델로 하는 소자가 연구되고 있다. 즉 전기적인 신호에 의하여 화학물질이 방출되는 소자가 만들어지고 있다.

소자의 소재로는 graphite와 같은 적층 화합물, poly-acetylene, poly-pyrol와 같은 고분자 물질이 주로 사용된다. 이들 물질에 여러 가지 이온이나 분자를 삽입하는 것이 가능하다고 알려져 있다. Acetylcholine은 트랜스미터로 중요한 역할을 하고 있는 것으로 알려져 있으며, 삽입/방출 물질로 graphite가 검토되고 있다. Acetylcholine은 중성용액에서 양의 전하를 띠고 있으며 acetylcholine이 있는 곳에서 graphite의 막을 전기화학적으로 환원하면 graphite는 음전하로 되어 acetylcholine과 결합하게 된다. 여기서 acetylcholine을 함유하고 있는 graphite를 산화시켜 중성 상태로 환원하면 주입된 acetylcholine이 다시 방출되어 진다. 즉 graphite의 전위를 제어함에 따라 가역적 현상이 일어나는 것을 알 수 있다.

이와 같은 소자를 사용하면 트랜스미터가 방출되는 것을 전기 신호로 쉽게 제어할 수 있어 시냅스의 기능을 갖는 소자를 만들 수 있다. 우리가 생체 기능 중에 가장 주목하고 있는 것이 신경세포의 기억 메커니즘이라 할 수 있다. 그러나 아직도 기억은 현상자체가 불명확한 부분이 많아 모델화하는 단계에 이르지 못하고 현상을 규명하는 데 초점이 맞춰지고 있다.

## 맺음말

21세기 과학 기술은 반도체 기술과 유전자 기술의 양대 축을 중심으로, 20세기에 축적한 다양한 과학 기술이 결합, 집중됨으로써 새로운 패러다임의 산업으로 발전되어갈 것으로 예측된다. 특히, 반도체 기술은 정보, 통신, 항공, 우주 등의 핵심 기반 기술로서 초고속화, 대용량화, 고성능화, 저전력화, 다기능화로 특질 지워지는 신 개념의 소재 및 소자가 출현하여 새로운 정보통신 사회를 형성하는 결정적인 역할을 담당할 것이다. 폭발적인 증가를 보일 것으로 예상되는 21세기 정보통신 수요에 부응하기 위해서는 테라비트(tera bit, 1 Tb$=10^{12}$ b)급의 초대용량 정보 저장 기술과, 테라헤르츠(tera Hertz, 1 THz$=10^{12}$ Hz)급의 초고속 정보 처리 및 전송 기술이 필연적으로 요구된다. Tb급 집적도를 갖는 메모리 소자를 구현하기 위해서는 수십 내지 수백 개 정도의 원자로 구성되는 원자 개념의 단위소자가 실현되어야 하며, THz 통신에는 기존의 방식과는 전혀 새로운 통신 패러다임이 요구될 전망이다. 그러므로 21세기 반도체 과학 기술은 원자 크기 정도의 물질을 정확하게 제어하는 수준으로 발전할 것으로 전망되는데, STM/AFM과 같은 탐침형 현미경을 통한 원자 단위의 조작 및 제어, 스핀-전하 제어, CNT의 출현, 질화물/탄화물 반도체의 확산, SA-QDT, SET의 가시화 등 최근의 연구 결과들은 이러한 요구의 단편을 보여주고 있는 것으로 평가된다.

한 개의 칩 속에 수억 개의 스위치를 넣고자 하는 것이 반도체를 만드는 사람들이 현재 추구하고 있는 목표인데 현재의 나노(nano) 초, 즉 10억분의 1초는 너무 느리기 때문에 1조분의 1초인 피코(pico) 초를 바라보고 있다. 소비 전력도 수천분의 1, 혹은 수만 분의 1로 줄임으로써 대형의 컴퓨터를 건전지의 사용으로 움직일 수 있는 날이 오기를 기대하고 있다. 이와 같은 컴퓨터를 만나게 될 날이 그리 멀지 않은 느낌이 든다. 실제로 조셉슨 소자는 전력 소모를 일시에 1/10,000로 줄일 수 있었으며 작동 속도도 과거의 1,000배 이상으로 극대화시켰다. 현재는 거의 상온에 가까운 온도에서 초전도 현상을 일으킬 수 있게 되었다. 불가능이라는 말은 없는 것 같은 느낌마저 든다. 사람은 발전할 수밖에 없으며 항상 개발과 개척 정신으로 살도록 창조되었다고 생각한다.

# 찾아보기

정가 130,000원

**반도체 알고 보면 쉬워요.**

2007년 1월 5일 초판 인쇄
2007년 1월 15일 초판 발행
저 자 : 김 영 석 · 조 경 록
발행자 : 이 연 우 · 우 명 찬
발행처 : 홍 릉 과 학 출 판 사
주 소 : 서울시 강북구 수유5동 455-60
142-885
등 록 : 1976년 10월 21일 제5-66호
전 화 : 999-2274~5, 996-8341, 903-7037
팩 스 : 905-6729
hongpub@hongpub.co.kr
www.hongpub.co.kr